学术交流

[美] 里克·安德森 著　杨瑞仙 译

Scholarly Communication

WUHAN UNIVERSITY PRESS
武汉大学出版社

图书在版编目(CIP)数据

学术交流/(美)里克·安德森(Rick Rnderson)著;杨瑞仙译.—武汉:武汉大学出版社,2023.12

ISBN 978-7-307-23174-0

Ⅰ.学… Ⅱ.①里… ②杨… Ⅲ.学术交流—研究 Ⅳ.G321.5

中国版本图书馆 CIP 数据核字(2022)第 210507 号

责任编辑:沈继侠　　责任校对:鄢春梅　　版式设计:马　佳

出版发行:**武汉大学出版社**　(430072　武昌　珞珈山)

(电子邮箱:cbs22@ whu.edu.cn　网址:www.wdp. com.cn)

印刷:湖北云景数字印刷有限公司

开本:720×1000　1/16　印张:12　字数:193 千字　插页:1

版次:2023 年 12 月第 1 版　2023 年 12 月第 1 次印刷

ISBN 978-7-307-23174-0　定价:68.00 元

原著序言

学术交流看似是一个小而专业的研究领域，一个大多数人既不需要也可能不想要了解太多的领域。因此，在本书的开始，我们或许应该先讨论所有问题中最显而易见的那一个：关于学术交流，有没有什么是“每个人”都真正需要了解的呢？

我们将会在第1章中看到，“学术交流”这一宽泛的术语在实践和处理方面的应用比人们想象的更为广泛。仅这一点就表明，学术交流与人们生活之间的关联其实比他们所了解到的更多，事实上还有另外一个原因，即我们相信每个人（或者说大多数人）都能从学术交流的一些东西中受益。

首先，学术交流这个词指的是一种文化渗透、复杂、广泛分布的生态系统，它生产、分析、包装和传播新的科学和学术知识。如果你关注癌症治疗的进展如何、莎士比亚戏剧的作者是谁、你们国家某一政客为何当选，或者经济政策对工资和财产价值有何影响，那么，你就拥有了（无论你知道与否）学术交流生态系统中的既得利益——它的有效性、效率和完整性。如果你关心这些事情，那么关于学术期刊定价、“开放获取”与“公众获取”的不同、取消还是开放同行评审、版权的正确作用、合理使用的定义，等等。这些持续的辩论和争议都与你所关心的事情有关，并且这些辩论和争议的最终解决方式将会对你的生活产生实际的影响。

这还不是全部。如果你定期阅读报纸、杂志或者网站，或者观看新闻和评论类节目，那么你或多或少会持续讨论同公共政策、科学、经济和社会趋势有关的重要问题，在这些讨论中，你会面临各种各样的关于“研究告诉我们什么”或者“科学在说什么”的论断。无论你在多大程度上相信或拒绝这种论断，都表明了你对科学（更不必说谈论科学的新闻媒体）作为现实信息可靠来源的立场。为什么你倾向于相信或不相信这样的论断呢？如果你对科学和学术的可靠性有这样或那样的看法，那么你已经（有意或无意）对学术交流的生态系统持有立场，该系统就是在进行学术和科学分析并将其传播给公众。

当然，并不是说我们每个人都必须成为学术和科学交流方面的专家，但了解一些与学术交流相关的问题，对于我们所有人来说是有意义的。因此便有了本书。

1. 本书包含的内容

Scholarly Communication：*What Everyone Needs to Know* 这本书篇幅不长，不需要太多的阅读时间，也没有太多的细节耗费你过多精力，但足以为你提供有关学术交流生态系统的有用概述以及与之相关的各种重要问题。因为它是由一位作者独自撰写的，所以可能（尽管他尽了最大的努力）会忽略一些其他作者认为必要的主题；也可能没有考虑到每个问题的所有细微差别（尽管作者尽了最大的努力），并且未能保证呈现所有的问题的准确性和平衡性。但是，希望这本书可以为大众读者提供相关问题和主题有用的指导，在一般情况下，几乎每个人都需要了解这些问题和主题，以便成为学术交流生态系统每天创造的文献、事实、数据和其他产品的知情消费者，这些主题可能以不明显的方式对我们的生活产生影响。

更具体地说，你会在这本书中发现一系列问题，作者认为这些问题可能是由对这个生态系统相当感兴趣的观察者想出来的，比如说“学术出版商是做什么的”“什么是同行评审”以及“版权是如何运作的”。作者提供了这些问题的答案，并试图让答案可以既简单易懂又引人深思。

值得注意的是，作者尽量不在本书中只拥护问题的某一观点。近年来，学术交流界对许多不同问题的争论越来越多。开放获取、期刊定价、图书馆的角色、出版商的角色、版权改革、作者的权利——所有这些话题似乎都变得越来越令人担忧，作者也努力以一种公平冷静的方式来呈现这些争议的不同方面。但每场争论中的每一方都有其拥护者，这些拥护者不相信任何对争议问题的描述是公平的，除非描述赞成己方，这是拥护的本质。因此，基于自身的个人信仰和观点，不同读者可能会认为本书中关于争议话题的解释有不同的公平度——当然，作者不可能总是如愿地、公平客观地展示这些话题。

2. 本书未包含的内容

“学术交流”一词用于书名是经过了认真考虑的（不幸的是，解释这个术语的含义并没有人们想的那样简单——请参阅第 1 章）。这不是一本通常意义上关于出版业的书；你找不到任何以下信息：关于文学代理人如何工作或者人们如何成为流行杂志的作家或编辑，或者如何成为一名成功的体育博主或记者，或者出版商如何销售他们的商品。本书所涉及的交流主要包括学术和理论写作，这些写作或多或少通过正式的出版渠道传播，如学术和科学期刊、专著，研究报告和白皮书，以及会议论文集（当然我们也会谈论到学术博客，预印本存档和其他不太正式的出版活动）。

《学术交流》译者前言

2018年年底，正值笔者在美国伊利诺伊大学香槟分校（UIUC）访学，无意间看到图书馆（Main Library）的书架上有两本新书，分别是 Cassidy R. Sugimoto 和 Vincent Lariviere 在 2018 年出版的 *Measuring Research：What Everyone Needs to Know* 以及 Rick Anderson 同年出版的 *Scholarly Communication：What Everyone Needs to Know*。这两本书均是 *What Everyone Needs to Know* 的系列书籍，该系列共有 24 本图书，涉及面广泛，包括人工智能、新媒体、网络安全、广告、测度、学术交流、气候变化、环境污染、流行病、疫苗、能源、公民、制裁、南极、北极、腐败、古董，等等。其中 *Measuring Research* 从文献的引证视角出发，收集和分析数据，对科研产出及其影响力进行评价，并探讨学术评价在科研管理和决策中的应用；*Scholarly Communication* 讲述了学术交流的发展历程和整个学术交流生态系统，从图书馆、出版商、出版社、网络图书、开放获取、学术质量评价等多维度、多层次、多角度，介绍了与学术交流相关的、方方面面的内容，最后提出了学术交流中存在的问题，畅谈了学术交流的未来。这两本书都是笔者当时的主要研究方向，Cassidy 和 Vincent 是颇有影响力的计量学学者，在计量和评价领域学习研究十余年，笔者对该书的研究内容相对比较熟悉。《学术交流》一书的作者 Rick Anderson 时任美国犹他州大学（University of Utah）图书馆副馆长，负责图书馆馆藏和学术交流，拥有 25 年的学术交流经验，该书对学术交流生态的系统研究深深吸引了我，也开阔了我对学术交流的认识和视野，而且英语语言朴实，简单易懂。读完后，笔者就有一个想法，就是要将其翻译出来，让国内更多的学术交流研究者看到。

与 *Scholarly Communication* 这本书的遇见也算是一种缘分。从硕士开始，笔者就一直跟随计量学泰斗邱均平先生从事计量与评价方面的学习和科研，当时研究比较多的是信息计量学、高教评价、科学交流（Scientific Communication），特别关注苏联情报学家米哈伊诺夫提出的科学交流模式，将科学交流分为正式交流和非正式交流；至博士毕业论文，笔者跟着导师的国家自科基金项目“基于作者学术关系的知识交流模式与规律研究”（项目批准号：70973093），逐渐将研究重心转移至知识交流（Knowledge Communication）。在知识交流方面，笔者也发表过几篇论文，当时的认知仅停留在宓浩（1983，1988）和黄纯元（1998，2007）的知识交流论、图书馆在知识交流中的作用，以及隐性知识交流、组织的知识交流、网络环境下的知识交流等方面。这时笔者对知识交流的了解，已从计量学领域的科学交流逐渐拓展到图书馆学领域的知识交流。实际上，我们研究的知识交流还不单单是图书馆的知识交流，而是在知识社会及业界“知识化”背景下的，从“文献交流”“科学交流”逐渐演变成的“知识交流”，仍是计量学的研究范畴。

2013—2015 年，笔者在中国科学技术信息研究所做博士后期间，跟随信息资源中心主任曾建勋研究馆员做知识链接相关研究，也耳濡目染地接触了一些图书馆学和出版等方面的业务和研究，但总体上还很肤浅，没有深入。

2017 年，笔者获批了一项国家社科基金青年项目“学术虚拟社区知识交流效率测度研究”（17CTQ030）。在研究过程中，笔者并未将知识交流真正放在整个学术交流生态系统中去考虑，而仅仅是将其作为知识管理的重要阶段和环节。印象最深的是，笔者还不断地把知识交流（Knowledge Communication）、科学交流（Scientific Communication）、学术交流（Scholarly Communication）三个词放在一起思考和辨析，虽然有学者认为这三个概念可以等同对待（邱均平等，2012；马瑞敏等，2016），但笔者仍想从中英文翻译、研究主题差异等方面寻找这几个概念真正的不同、主题侧重和用词混乱问题。带着这些问题，2018 年，笔者到美国开展访学研究，希望能从国外学习到先进的理念、方法和技术，更好地开展笔者的课题研究。其间听了很多课，读了很多书，直到读到这本书，才让笔者对整个学术交流有了全新的认识。

同期，笔者在郑州大学信息管理学院开设了一门研究生课程：学术交流理论与方法，主要是从计量学的角度给学生讲解。通过对“学术交流”进行主题检索，笔者发现有一些文章主要聚焦在“学术交流研讨会”，甚至有些文章只是对会议的报道。实际上，我国对“学术交流”的研究主要起源于改革开放初期，随着高等教育的恢复，科学研究的展开，如何搭建学术交流平台、开展学术交流活动，进行学术交流管理和测度，以及如何进行跨学科学术交流和人才培养，都是当时那个背景下亟待解决的现实问题。在高校通过学术交流，能提升国内学者的科研水平和能力。当时中国科协和福建科协还主办了一本杂志，名叫《学会》，是一本国家核心期刊，旨在为科技工作者搭建交流平台。在美国访学期间，笔者也专门调研过，发现国外高校图书馆专门设有“学术交流”的岗位，专门提供学术交流服务。

Scholarly Communication 一书介绍了学术交流的起源，学术交流系统生态系统的构成，提供了当前学术交流的概况，调查了期刊、出版、版权法、新兴访问模型、数字存档、大学出版社、元数据等领域的事务状态，讨论了由各种价值观和利益冲突而引起的许多问题，包括公共利益、学术自由、科学进步以及有限资源的有效利用等。这些问题的含义一定程度上超出了学术界的研究。原书以易于使用的问答形式进行组织，对学术交流领域中一些最重要的问题提供了生动而有益的总结。在翻译过程中，为了方便科研人员和研究生同学阅读和学习，笔者在遵循原文内容完全不变的情况下，按照传统图书和研究报告的组织形式，凝练出一级、二级、三级小标题，对问答内容进行重新组织。本书共有 14 章，分为九个部分，分别是：

第一部分（1—2 章）：主要介绍学术交流的起源、定义、受众、表现形式和学术交流生态系统，包括学术交流的参与者、学术交流的土壤、学术交流的动力，以及学术交流的形式与特征。

第二部分（3—5 章），主要介绍学术交流市场与学术出版，包括学术交流市场的生产规模、差异定价、学术出版商的规模和能力，学术出版商的职能，以及学术出版中的同行评议、成果发表与撤稿、学会与学术交流、版权问题。

第三部分（6 章），介绍图书馆的馆藏、需求驱动采购、发展及其在学术交流中的作用。

第四部分（7 章），介绍大学出版社的产生、学术专著的出版及其在学术交流中的作用。

第五部分（8 章），主要讲述数字图书和网络图书，如美国的 HathiTrust 数字图书馆项目和谷歌图书。

第六部分（9章），探讨科学、技术、医学类学科与人文、社会科学，及其在学术交流研究实践中的异同。

第七部分（10章），讲述学术质量评价问题，包括学术评价的方法，如计量和替代计量的方法，期刊评价，影响因子等。

第八部分（10—11章），介绍元数据和开放获取，包括元数据的概念、重要性及其在学术交流中的应用，开放获取的内涵、争议、掠夺性期刊和开放获取的应用。

第九部分（13—14章），讲述学术交流中存在的问题和学术交流的未来。存在的问题有：期刊危机、图书馆资金分配、期刊订阅的大额交易、不同视角下纸质书与电子书的对比、同行评审的争议、学术出版物的影响力评价、学术期刊的广告刊登、掠夺性期出版；展望未来的几个方面：学术期刊、学术专著、学术质量评价、研究型图书馆、新兴交流方式、不断发展的数字人文。

2020年年初全球大规模新冠疫情的暴发正在悄然地改变着学术交流的模式，后疫情时代学术交流模式的改变及其影响将会是当下和未来很长时间值得我们深入研究的课题，因此希望《学术交流》这本书能够帮助学术交流研究者们开阔研究视野，并将此作为后疫情时代学术交流研究的基础。

从2018年拿到该书，2019年初着手翻译，2020年联系出版社和版权，到2023年终于得以出版，历时4年多，几经波折，实属不易。该书能得以顺利出版，离不开很多人的支持和帮助。首先感谢UIUC的阮炼馆长，由于笔者回国后，Rick Anderson到了杨百翰大学（Brigham Young University）图书馆工作，阮馆长得知情况后立刻帮笔者联系原书作者；感谢原书作者Rick Anderson教授，他帮笔者联系牛津大学出版社国际版权部相关人员帮助解决版权问题，且一直关注该书的出版进度；感谢武汉大学出版社林莉社长在出版过程中提供的帮助，她耐心的沟通和认真负责的校对，令人感动；感谢学院的资助，感谢笔者的学生在翻译过程中给予的帮助，如目前就读于华中科技大学的博士生魏子瑶，香港大学的博士生权明喆，浙江大学的博士生李贤，厦门大学的博士生武亚倩，英国纽卡斯尔大学硕士生郑思佳，以及已经毕业参加工作的李俊良、万佳琦、黄书瑞、张广轶、李志等。没有大家的共同努力，就没有该书的出版问世。当然，由于本人水平有限，书中难免存在知识层面和翻译方面的疏漏与问题，恳请广大读者批评指正。

该书适合图书馆、出版商等相关领域工作人员阅读，也可作为学术交流领域学者的参考书，还可以作为图书馆学、情报学、出版专业等研究生和博士生的授课教材。

杨瑞仙

2022年6月16日于郑州

目　　录

1 学术交流的定义与发展

1.1 学术交流的定义及表现形式

1.1.1 学术交流的定义

学术交流是一个总括性术语，指的是学术和科学成果的作者和创造者彼此之间以及与世界上其他人分享他们所做工作的信息的许多不同方式。一份最常见的学术交流表现形式的列表将包括以下内容（其中大部分将在本书后面的部分进行更详细的讨论）：

1.1.2 学术交流的表现形式

（1）学术和科学期刊上的文章。这些通常是关于研究结果的相对简短的报告。这些报告通常反映科学成果（实验研究报告），或人文主义成果（反映文学作品或艺术作品的分析），或社会科学成果（调查结果和经济分析报告等）。这些文章有时是由一位作者撰写，有时是由几个作者一起撰写——在一些学科中，特别是医学和其他“硬”科学，一篇文章可能会有二十位甚至更多位作者。虽然研究论文的结构会有所不同，但它经常包括下面几部分（特别是在自然科学学科中）：当前调查问题的研究现状综述、实验所用方法的解释、实验本身的描述，以及结果的讨论。正如下文所述，对于多数学科的很多工作学者来说，同行评审期刊文章是一种重要的学术交流成果。

（2）专著。人们并不总是充分理解专著这个词，一部分原因是因为这个词语一直没有持续使用。不过，一般来说，这个词指的是由一位作者独立撰写并且涉及某单一主题的学术著作（希腊单词“monograph”的两个词根意思是“一”和“写”）。有时候为了更清晰地表达说话者的意图，也会使用“学术专著”这个短语。学术专著通常但并不总是由大学出版社（之后会更详细介绍）出版，并且它们一般是为学者而不是为普通读者写的。在人文学科中，专著往往对学者的学术进步特别重要——如果没有与知名出版社合作出版专著，往往不可能获得终身教职。

（3）研究报告。这是一个笼统的术语，可以指任何数量的不同学术产品，但它们通常有一个共同点，就是它们没有经过同行评审，也没有正式发表在期刊上。它们通常是由智库、咨询公司、商业公司或专业机构创作，有时免费面向公众提供，有时则作为非常昂贵的产品，卖给营销人员和其他专业人士。

（4）文章初始版本，通常以电子形式与同事共享。这些通常指的是“预印本”，尽管这个术语表明这些文章即将出版，但实际上，在很多情况下，分享的是初步的草稿，甚至还没有提交给出版商考虑出版。这种学术共享有助于作者改进他们的观点，帮助他们公开记录这些首先提出的观点（对于科学家和人文社会学科的学者来说这是非常重要的），并且与收费的正式出版物相比，这种学术共享有更广泛的受众。

（5）白皮书。白皮书与研究报告存在细微却重要的区别。白皮书通常不是作者的研究报告，而是旨在帮助读者得出结论的主题的总结。白皮书可以作为公共服务由政府机构产生，可以作为营销工具由企业产生，也可以出于倡导的目的由非营利组织产生，还可以由咨询顾问产生，等等。理想情况下，研究报告应该是对学术或科学研究相对客观、公正的描述，而白皮书的设计目的往往是引导读者得出特定的结论。出于这个原因，它们可能或多或少地具有学术性，这取决于作者和赞助方。

（6）意见论文。这些都是单独的论文，表达一个或多个作者对特定问题的观点。意见论文可能是由个人撰写，代表他们自己的个人观点，或者由一个作者或一组作者撰写，作为倡导团体、智库或其他组织的一部分。从定义上讲，由于意见论文对眼前的问题持有立场，所以它通常是一种倡导工具而不是无利可图的学术或科学研究的成果。意见论文的作者在提出他们观点的过程中应用了严格的研究——虽然原因很明显，但这些作者往往会选择性地使用研究，而不是试图提供所有相关信息的全面或严格平衡的概述。

(7) 会议论文及演示文稿。学术交流最重要的场所之一是学术或专业会议，在那里，学者和科学家们可以公开分享他们的发现。在这样的会议上，演示文稿可以采用大声朗读的论文形式，或者基于大纲或幻灯片进行单人演讲，或者小组讨论（通常由所有小组成员进行简短的演讲，然后与观众进行问答）。通常情况下，这些论文和演示文稿最终会形成某种正式出版物，但也会有例外。

(8) 海报。并不是所有学术或专业会议上的演示文稿都会在特定的会议期间于专门的观众面前展示。通常情况下，会议也会以海报展示为特色。正如听起来的一样：海报通常以一种高度可视化的方式（带有文本支持）展示一个研究项目的论点或发现。海报通常会在整个会议期间被陈列在一个大房间或走廊里，而且在会议期间会有一个或多个专门安排给海报的时间段，在此期间，海报的作者会在附近与感兴趣的与会者进行讨论。有时海报是项目方案被主项目拒绝后仍被认为是值得关注的结果；有时它们是根据特定的海报征集而提交的。

(9) 会议论文集。虽然会议报告正式发表在期刊和书籍上是很常见的，但它们最终发表的另一种方式可能是在会议论文集中。正如它的名称所显示的，会议论文集是一个包含来自特定会议的所有（或大部分，但理想情况下是所有）论文和其他演示文稿的卷集。许多年度会议每年出版他们的论文集，图书馆和读者像订阅期刊一样地订阅论文集。一个人的论文发表在论文集中带来学术声望的多少，取决于他所在的学科和会议本身的声誉和重要性。

(10) 硕士论文和博士论文。在研究生院，学生和工作学者之间的界限变得模糊不清。通常在毕业时，硕士研究生撰写硕士论文（theses），博士研究生撰写博士论文（dissertations）（在一些国家，theses 和 dissertations 两个术语被反过来使用）。它们都是在导师指导下产生的原创学术成果，硕士学位论文通常较短，涉及范围较窄；博士论文较长，对学科的原创贡献更大。在一些学科中，尤其是人文社会科学领域，学者通常会将自己的博士论文（在全面修改之后）作为第一本专著出版的基础。论文被接收后，通常由毕业院校的图书馆以印刷版、网络版或越来越多地以两者兼备的方式提供给公众。

(11) 数据集。在很大程度上依赖定量研究的学术和科学学科中，研究的第一个学术成果不是论文，而是一个数据集。例如，如果你使用调查工具进行社会学研究，你的调查结果是最初产生于你研究活动的数据集；如果你是一名植物生物学家，进行不同蘑菇品种之间生长速度的比较研究，从实验和观察中收集的数据代表了研究的第一个成果。近年来，随着技术的发展，数据的共享和再利用比以往任何时候都更加容易，已经有越来越多的呼声，要求数据自身应该像传统科学产出一样可被交易和出版，以便公众检查和再利用。

(12) 多媒体作品。在一些学术领域，尤其是美术领域，学术工作的最终产品可能不是基于文本的，而可能是以音乐作品、编舞、视频、录音或这些组合在一起的形式。

(13) 博客帖子。不久之前，“学术博客”的想法还很荒谬。毕竟，博客(“网络博客”的缩写)基本上是任何人几乎不用花费任何成本都可以建立的网上日记，而且他们可以写任何想写的内容。然而，近年来，博客发展得更加复杂。博客已经被证明是一个非常高效的平台，它传播和整理的不仅有个人对于Gogol Bordello最新专辑的政治思想观点，也有新兴研究、重要学术和科学话题的专业辩论，而且它是有影响力的权威、科学家和学者之间进行讨论的平台(作者本人是一个名为“学术厨房”(The Scholarly Kitchen)的专业博客的定期撰稿人，该博客讨论与学术交流相关的问题)。博客在学术发现中的作用仍然是一个有争议的话题——但它引起争议的事实表明，博客已经在学术界占据了重要位置。

细心的读者可能已经发现，以上内容没有提到教科书。这是因为，尽管教科书是学术成果，但它们在一个不同的生态系统中运作，在一个非常不同的市场中买卖。教科书可能是学者创作的，但并不是典型的学术作品。学术文章或专著通常假定读者已经对主题有基本的了解，而教科书却恰恰相反——事实上，它们的存在是为了帮助读者建立基本的理解力。学术出版物通常是由学者和科学家为他们的同行编写的，而教科书则是为学生编写的。人们希望学术专著为知识市场带来原创观点，而教科书则对现有知识进行合成和总结，等等。

教科书通常不被视为学术交流生态系统的一部分，这一事实包含一些有趣的含义，比如，学术图书馆(总之在美国是这样)通常不将教科书包含在它们的藏书中。这将在第6章进一步讨论。

1.1.3 学术交流的受众

上面列举的一些成果在学者和科学家之间使用，但对于公众来说，或多或少是非正式的；这些成果可能没有经过任何编辑就在网上发布，或在社交网络上分享，或没有经过任何主动公开就被放置在档案存储库中（甚至可能在一段时间内远离公众视线）。另一些则由编辑和其他学者和科学家认真审查，然后以“记录版本”正式出版。

实际上，大多数学术和科学成果是为同事和同行写的。而且事实表明，学术交流的一个特点是所交流内容的主要受众通常是对当前主题有深刻了解的人，如果这篇文章是为不熟悉它的人而写的，那么这种交流可能根本就不是“学术性的”。

以本书为例，正如该系列文章的标题所表明的那样，它并不主要针对那些已经对学术交流领域有深刻和广泛认识的人。换句话说，它不是一本针对该领域的学者和专业人士的学术或科学书籍，它是为“每个人”编写的普及读物。虽然它可能被认为是广义学术交流的一个例子，但是它与大学出版社出版的历史专著或者一份公众对学术开放获取的态度的研究报告所代表的学术交流并不同。

这并不是说学术交流绝不会吸引比作者的学科同行和同事更广泛的公众。有时候它确实会——有时是无意的，有时是有意的（当一个特定的学术或科学话题作为公众议题变得非常重要的时候）。但是可以肯定地说，学术交流的一个特点是它通常针对的是学术或科学受众。

“学术和科学”这个短语已经开始变得常见，这值得注意。显然，并不是所有的学术工作都具有科学性——例如文学评论、音乐作品以及语言研究，大部分是人文主义的。当然，关于“硬”科学（如物理学和地质学）和“软”科学或者说社会科学（如经济学和心理学）之间的界限在哪里，长期以来一直存在一定的争议。尽管在第9章会稍加深入探讨，但是在本书中，我们不谈论这些争议。相反，在特定意义上，我们会回避它们：从现在开始，当“学术”（“scholarly”）这个词被单独使用时，它将代表涵盖所有学术和科学学科的学术性（scholarly）、学术（academic）以及基于研究的交流。然而，我们也需要在不同的学术和科学学科中区分实践、期望和文化。在大多数情况下，我们会在STM（Scientific，Technical and Medical，科学、技术和医学）和HSS（Humanities and Social Sciences，人文和社会科学）学科间作出这种区分。然而，要意识到，并不是所有的学术和科学探索都完全符合这些宽泛范畴中的一个或另一个，而且关于它们之间的界限仍存在争议。

1.2 学术交流的起源与发展

1.2.1 学术交流的起源

很难说第一本学术专著是什么时候写的，但可追溯到的第一条学术会议记录表明，最早的学术会议举办于17世纪早期的欧洲，大多数历史学家认为学术期刊的出版始于1665年创办于巴黎的 *Le journal des sçavans*，随后不久，《英国皇家学会学报》(*Transactions of the Royal Society*) 也在同年出版。① 这两个期刊的建立都是为了正式化哲学家和科学家之间的通信。他们过去的大多数交流是通过信件往来这一方式，但是随着工作学者数量的增多以及学术知识发现和创造的爆炸式增长，信件交流变得越来越笨拙。印刷机这一相对较新的发明第一次使得同一文件的副本可以同时分发给许多人。

目前，近3万种学术期刊以网络版和纸质版两种方式流通。在过去的几个世纪里，快速增长的科学知识（这不可避免地导致学科专业化程度越来越高，期刊的市场范围越来越窄）和快速发展的通信技术两股力量推动了期刊数量的激增。然而，与通信技术相比，知识本身的扩展更为缓慢和稳定。在期刊出版的早期，用于交流学术信息的技术是纸质印刷出版，期刊文章被收集、编辑，并打包成期，然后通过邮件发送给期刊的订阅者。直到20世纪90年代初，这仍然是学术交流的行业标准格式。直到20世纪末，互联网以及图形界面系统的进一步发展（我们称为万维网），期刊出版才开始从印刷领域进入一个网络化的数字环境——但那个变化对学术交流的影响是巨大且迅速的。这种影响一直存在，并且引发了本书其他部分的讨论。

1.2.2 学术交流发展的制度背景

大多数情况下，当我们谈论“学者”及他们的交流方式时，我们谈论的是在

① Porter, B R. “The Scientific Journal—300th Anniversary Bacteriological Reviews”, 1964, 28 (3): 210-230.

学院和大学背景下工作的教职工。对这些学者和科学家来说，正式交流不仅是他们所做工作的一部分，而且是他们晋升的要求，甚至是就业的条件——他们必须发表文章，否则他们就会被淘汰。当我们谈论“终身教授”时会提到这些：要想继续被雇佣为教职工，他们必须定期地发表新的学术或科学发现。

但并不是所有在学术机构做学术研究的人都能获得终身职位。一些人——实际上是越来越多的人①——是“兼职”教员，他们按年被雇佣或者甚至不是全职员工，而是按课程收费的讲师，每学期可能只教一到两门课程。有些根本就不是教员，而是在学校实验室工作的博士后研究员，也是合同制的。“博士后”也意味着美国大学校园里的学术人员越来越多。② 兼职教员和博士后可能都会积极寻求终身职位的学术任命，并经常参与正式的学术交流，以使自己在此类工作中更具有优势。

然而，情况仍然是复杂的，因为并不是所有在学术机构创造学术的人都是雇员。有些人是研究生，他们经常处于“学生”和“雇员”之间朦胧的中间地带，因为他们需要教授课程以换取学费减免，或许还有某种津贴。他们所撰写的作为授予学位条件的硕士论文和博士论文也是学术交流生态系统的一个重要组成部分，而这些文献在该系统中所起的作用和应该发挥的作用是一个有争议的问题，我们将在后面详细讨论。

但是，它实际上甚至是更复杂的，因为我们至今还没有谈论过本科生参与他们自己的学术课程中的学术交流。本科生可能只是初期学者，但他们所创造的作品——特别是在他们的高级课程中，或者是如果他们参与了荣誉项目，那么他们可能会在毕业时产生某种形式的论文——也越来越严肃地被视为是学术交流的一个例子。

上述所有这些都说明了学术交流的学术背景的一些主要部分，但并不是所有学者都隶属于学术机构。有些人独立于这些机构运作——要么是出于自愿，要么是因为他们无法找到学术工作——这些学者中的一些人正式出版他们的作品。事实上，许多非学术性的机构也出版各种各样的学术和专业作品：智库出版报告和

① https：//www. aaup. org/sites/default/files/2015-16EconomicStatusReport. pdf （see especially Figure 2）.

② http：//www. nature. com/news/the-future-of-the-postdoc-1. 17253.

白皮书；企业撰写可能会也可能不会被广泛传播的研究报告；咨询公司发布环境调查，旨在描绘景色并吸引业务；专业和学术团体赞助博客，目的是讨论其所在领域的趋势和争议，等等。

所有这些加起来就是一个学术交流生态系统，在制度环境内外都有着复杂性和细微差别。确切地说，这个生态系统究竟有多广泛和多复杂，在很大程度上取决于人们认知中的"学术"以及"交流"的含义。

1.2.3 学术交流的生态系统

我们通常在自然生态语境中使用"生态系统"一词。然而，该术语也适用于市场。一个"商业生态系统"是一个"组织网络——包括供应商、分销商、顾客、竞争对手、政府机构等——通过竞争和合作参与特定产品或服务的提供"。① 从这个意义上来说，学术交流的世界确实是一个生态系统；它在一个高度复杂的组织和个体的环境中运作，这些组织和个体以多种多样的方式为它作出贡献，并且以同样多种多样的方式相互竞争与合作。在第3章中，我们会更深入地探讨学术交流生态系统的特征及其所涉及的不同类型的人和组织。

1.2.4 学术出版与商业出版

这个问题可能会出现在那些无意中听到学术交流界人士谈话的人身上，或者对它们之间意义上的不同感知模糊的人身上，比如说，芝加哥大学出版社出版的书和哈珀柯林斯出版社出版的书是不同的，但他们不能确切地说出有什么不同。

"商业出版物"一词通常是指杂志和其他针对从事特定工作或行业的人的专业出版物。(有时你会听到有人说"the trades"，通常指的是像 *Variety* 和 *Billboard* 这样的娱乐杂志，这些杂志的目标受众更多的是娱乐圈专业人士，而不是粉丝。)

"商业书籍"这个词通常与"专著"或"学术专著"对立使用（从现在开始，我们将认定"专著"这个词意味着"学术专著"）。商业书籍是为普通读者而出版的书，通常售价足够低，以便大多数感兴趣的人都买得起。专著是为学者而写的学术图书，通常是针对一个相当小的主题。因此，艾米莉·狄金森的传记很可能会作为一本商业书籍出版，而对于她的1860年到1865年诗歌的精读分析

① http：//www. investopedia. com/terms/b/business-ecosystem. asp.

则更可能是一本专著（然而，商业书籍和学术著作之间的界限可能是模糊的）。专著通常由大学出版社出版，实际上“商业出版社”一词通常与“学术出版社”或“大学出版社”对立使用。

“商业平装书”一词也很常见，并且有更具体的含义：它通常与“大众市场平装书”对立使用。大众市场平装书是一种曾经在机场书店很常见的书——小到可以放到大衣口袋里，封面光滑，内页用便宜的酸性新闻纸印刷。这反映了大众市场平装书传统上或多或少被视为一次性物品的事实，认为它们会被阅读然后扔掉（并不总是准确的）而不是加入读者的永久收藏。另一方面，商业平装书通常比大众平装书更大——它通常与同一本书的精装本尺寸相同。商业平装书通常印刷在高质量、无酸的纸上，并有着适用于永久性图书收藏的设计。商业平装书通常是非小说类书籍，而大众市场平装书通常是小说，但这些绝不是固定规则。有趣的是，在机场书店出售的平装书越来越多的是商业类而不是大众市场类。

1.2.5 学术交流的新发展

正如人们所料，因特网的出现对学术交流界产生了巨大的影响。在 20 世纪 90 年代上半期，随着网络成熟发展为一个全球性和广泛使用的出版和交流场所，学术期刊出版开始从其历史悠久的印刷环境进入网络领域。这种转变刚刚开始便发展迅猛，现在已经几乎完成：虽然许多学术期刊继续以纸质版出版，但其中绝大多数主要是线上消费，要建立一个只以纸质版出版的期刊在今天几乎是不可能的。事实上，现在更常见的是只通过网络出版的新期刊。

这一现象出现的原因值得思考。一直以来作为学术图书出版重要格式的纸质印刷，为什么对于学术期刊来说变得不再重要？答案之一是期刊和书籍在结构上有很大不同。期刊实质上是一系列的文章，以捆绑形式发表，被称为期。这种捆绑的形式——可以说在网络环境下毫无意义，而更可能是一篇文章完成时被单独发表——是印刷时代的产品，规模经济使得每年几次向订阅者捆绑发送取代分篇发送文章成为必要。这种捆绑的行为往往掩盖了一个重要的事实，即期刊的基本单元不是期，而是文章。因为文章相对来说是小而简洁的学术单元，它们容易以线上形式被消费：人们通常很容易在线阅读，或者在下载打印之后线下阅读。

显然，学术图书的情况并非如此，它们往往篇幅较长，是对具体的思想和观点的发展进行线性和详细的论述。尽管电子书阅读器越来越受欢迎，但它们主要用于休闲和大众阅读。虽然越来越多的人表示愿意在电子书阅读器上阅读犯罪小说，但线上阅读模式能否为艾米莉·狄金森长达400页的晚期书信作品提供最佳的阅读平台尚不清楚。由于各种原因，期刊出版快速实现了线上转变，但学术图书实现类似的转变要花费更长的时间，尽管现在几乎所有的学术专著均以电子书和纸质书两种形式出版，并且越来越多的学术图书以电子版（面向图书馆和个人）销售，但实际上电子书还未成为学术图书的默认表现形式。

由于各种原因，学术交流经历了印刷出版到网络出版，这场近乎大规模的迁移一直很有意思，比如它在具有极大颠覆性的同时又一点不具有颠覆性。这是什么意思？首先，学术交流的文件表现形式（文章，白皮书，书籍等）从物理领域转移到在线领域带来的巨大不同是不容小觑的。印刷书籍和期刊提供了方便愉快的阅读体验以及相对稳定的存储媒介，然而，纸墨却是一个向许多人传播信息的糟糕机制（考虑到为50万读者提供印刷书籍所需的时间和成本），并且对于那些正在做研究而非仅仅阅读的人来说，这也是一种非常糟糕的形式。毕竟，搜索一篇印刷文档全文的唯一方法是阅读整篇文章，学者和学生通常需要在很长的文档中找到非连续信息。让一个学者或科学家逐页阅读与其研究相关的每个文档是荒谬的（虽然一些印刷书籍有索引，但即使是最好的索引也只提供了一个粗略的、概括性的全书指南）。因为学术和科学文献已从印刷领域转移到在线领域，它们变得非常容易查找和审查，并且可供更多人使用。这一转变的重要性和影响再怎么强调也不为过。

然而，随着互联网革命的到来，有一些关于学术交流的事情变化却不大。尽管互联网的兴起及其成为各种交流的默认媒介，使得许多新的出版工具和方案（博客，电子邮件列表，聊天板，预印本档案库，知识库等）成为可能，但这些发展几乎没有改变学术交流最基本的方面。现在和1979年一样，如果你是一位人文学者，几乎可以肯定，为了获得终身教职，你必须在大学出版社出版专著。同样地，同行评审的期刊文章仍然是在物理学和生物学领域获得终身教职和晋升的“通行证”（coin of the realm）——这些文章仍然被捆绑在一起成为电子期刊，尽管这样的捆绑服务并没有实际目的，而且在网络环境下也没有明显的意义。现在，相比于必须使用邮件或电话交流的时代，编辑、作者和同行评审员能够更快速、更容易地相互交流，但是他们仍然或多或少地做着与1950年相同的事情——只是使用了更有效的工具，更快、更有效（在大多数情况下）地完成这些任务。学术界和应用研究领域的一些人呼吁对其中一些持续存在的做法进行彻底的反思，但迄今为止收效甚微，不过这种情况可能不会永远持续下去。

另一件在互联网革命初期变化不大的事情是，只有那些能够（或愿意）支付的人可以获得学术出版物。当信息被捆绑在印刷和发行费用昂贵的实体文献中时，这并未引起太多争议。但随着互联网使文献副本以有效零边际成本的方式发行，这种机制越发具有争议性。开放获取运动（OA）的兴起也是对这种新现象的部分回应，这一运动将在第12章详细讨论。

简而言之，在过去的几十年里，学术交流的变化和发展过程是一个异常多样的过程，因为该生态系统的一些基本方面经历了深刻的甚至存在性变化，而其他方面本质上没有受到影响。然而，互联网革命已经在其他地方引起了变化——大大超出了我们通常认为的学术交流领域——可能会继续在这个领域产生影响，并可能在其中发生根本性和颠覆性的变化。其中一些可能的发展将在本书后面讨论。

2 学术交流生态系统及形式特征

2.1 学术交流生态系统

2.1.1 学术交流的参与者

首先要明确，学术交流在一个包含有许多不同参与者的复杂生态系统中进行，这些参与者主要有以下几类：

（1）学者与科学家。从事的工作与他们交流的内容是相关的。无论是历史学家、化学家、文学教授，还是遗传学家、社会学家、语言学家和临床肿瘤学家，他们都在以不同的方式为学术交流生态系统贡献自己的学术和科研工作成果。

（2）机构。雇佣这些学者和科学家。大多数为学术交流生态系统作贡献的学者和科学家是作为学院、大学、研究基金会和医院等资助机构的雇员获得酬劳的。作为这些机构的雇员，他们以各种能力生产的智力成果是学术交流生态系统的命脉，这意味着机构付给他们的酬劳是这个生态系统的一项重要投入。

（3）基金资助机构。对支持哪些学术和科研工作（以及提供相应支持的条件和规则）作出决定。尽管学者和科学家通常从所在机构获得酬劳，但在一些研究领域，这些酬劳不足以支付进行应用研究的费用。在这些领域，研究人员有望从政府或私立资助机构获得补助资金，这不仅能够直接支持他们的研究，同时也有助于获得其所在机构的支持——因为研究资助通常包括用于实验室维护等的高昂支出以及研究助理的工资。然而，补助资金的标准在不同学科之间具有较大差异：一名在高能物理这种前沿应用研究领域的研究人员可能会在某年获得数百万美元的资助，而美国文学领域的学者可能在没有补助资金的情况下做了大量工作。对某些学科进行基金资助的重要性意味着，提供研究资助的基金会和机构对这些学科中科学论述的形成具有重要影响，但对其他学科的影响微乎其微。

（4）政府机构。决定了公共资金支持的研究中，产生的学术成果可以做什么、不可以做什么。尽管私立资助机构可以自主制定规则来处理他们提供资金支持的科研成果，但政府机构的自主性较低，而且常常受制于总体政策规定的要求。白宫科技办公室关于“增加对联邦资助研究成果的使用”① 的纪要就是一个例子，它提出每年提供1亿美元以上研究资助的所有美国机构要形成和提交一份计划，叙述它们如何“在机构进行或主持各类研究的适当时间内，确保公众能够以电子形式阅读、下载和分析经同行评审的最终稿件或最终发表文件”。

（5）利益集团与游说者。致力于影响政府和资助者的政策。公共和私立资助政策的形成都会显著受到游说和倡议活动的影响，这些活动的发起组织致力于改变（或保留）学术交流生态系统的特定特征。像 Scholarly Publishing and Academic Resources Coalition（学术出版与学术资源联盟，SPARC）和 Center for Open Data Enterprise（开放数据事业中心，CODE）等组织，倡导更大程度上对学术出版物和数据的访问自由，而 Association of American Publishers（美国出版商协会）和 Copyright Alliance（版权联盟）等组织则更致力于保护版权所有者和传统出版商的利益。

（6）出版商。将原始稿件转化为正式出版物，进行市场营销、内容策划，销售给个人和图书馆。出于这些原因，出版商对学术交流的形成与内容有着巨大的影响，这将在后续的章节中讨论。出版商是挑选、准备和发行那些通常被视为学术和科学论述“通行证”的书籍与文章的组织，那些吸引了许多作者的著名出版商也因此对那些论述产生了特别重要的影响（我们将会看到，学术界对这种事态是否健康以及健康程度存在着广泛争议）。然而，值得注意的是，随着互联网成为出版和交流的默认媒介，诸如博客、预印本和机构知识库等其他学术交流渠道同时出现，这其中有的与传统的正式出版渠道共生，有的则直接与之竞争。

（7）编辑与同行评审人员。（有些是出版商雇佣的，但许多是大学或学院的教师）在学术科研作者和出版商之间扮演中介者。编辑从作者那里收到稿件，在

① https://www.whitehouse.gov/sites/default/files/microsites/ostp/ostp-public_access_memo_2013.pdf.

一些情况下单方面决定录用哪些稿件、拒收哪些稿件，其他情况下，他们会将稿件分发给同行评审人员，以便在作出最终决定前考虑其他评审意见。（参见第4章对于这一操作有更详细的讨论）。一旦一篇文章或一本书被出版商录用出版，编辑将与作者一起完善其内容和格式，这一过程可能会花费一定时间——在极端情况下甚至几年。

（8）学术和科学协会。为学术作者提供联络机会、举办会议并且经常扮演出版商的角色。（在英国，这些协会通常被称为 Learned Societies，而在美国，它们常被称作“Scholarly”“Scientific”或者“Professional”Societies）协会对学者和科学家十分重要。当提到学术行为特别是出版物和其他形式的学术交流时，要注意的是，对于许多（或者不是多数）在职学者来说，他们最真挚、主要忠于的是他们的学科而不是雇佣他们的某一机构。① 机构隶属关系是偶然的，但学科隶属关系是永久的。换言之，一个生物学家某一年可能在芝加哥大学担任教师，一年后又去了北卡罗来纳大学，但他一直是一个生物学家。出于这个原因，像 American Institute of Biological Sciences（美国生物科学学会，AIBS）或 Royal Society of Biology（皇家生物协会）这些机构会比那些大学获得更高的忠诚度，这一事实将会对他选择往何处、如何发表论文产生影响。

（9）图书馆。购买书籍和期刊并允许学生和教师访问，可想而知，学术图书馆在学术交流中扮演的角色不只一种，这将会在第6章进行深入讨论。这里值得注意的是，图书馆扮演的一个基本角色是代理：在职学者和科学家通常需要访问的信息资源远比他们自己所能负担起（包括保存和维护）的要多，因此他们的机构团体通过修建和资助图书馆，创建学生、学者和科学家可能用到的研究资料的集中存储库。学术交流生态系统性质的变化以及学生和学者研究行为的极大转变对图书馆实践产生了重大影响，这会在本书的后续章节讨论。

显然，上述所有参与者都以不同的方式为系统作出贡献，他们的各种贡献相互连结，并在不同程度上相互依赖。比如，出版商依赖作者提供的内容，他们之间通过相互竞争来吸引最优秀的作者。作者将出版权卖给出版商（通常包括完整

---

① Cummings, W. K., Finkelstein, M J, “Declining Institutional Loyalty”, In *Scholars in the Changing American Academy: New Contexts, New Rules, and New Roles*. Dordrecht Heidelberg, London, New York: Springer, 2012, pp. 131-140.

版权的转让）以换取编辑、评审和出版商提供的认证服务，他们相互竞争最著名的出版商出版的最受瞩目的期刊或书籍等出版物。学生和教师依赖于他们的图书馆来支付自己负担不起的期刊和书籍的订阅、相应文档的保存和维护（或在线访问权限代理）费用。图书馆试图平衡其资助者同时作为学术信息消费者和创造者的需求，与此同时，在费用总是上涨的环境下与停滞不前的预算作斗争。为研究提供资金的政府和资助机构在寻找最大化研究的积极社会影响的方式，并相应地设置一些影响作者、出版商和公众的规则。利益集团与游说者试图让那些机构相信，特定的规则将会比其他措施更能够有效地最大化公众利益。等等。

学术交流生态系统一直是复杂的，但随着20世纪90年代上半期万维网的出现，它的复杂程度更是显著加深。网络使得文档第一时间同时向数亿用户开放、几乎在不增加边际成本的情况下使集中发行文档副本成为可能。几乎是瞬间地，期刊出版商开始向在线领域转移，虽然期刊出版已经花费了一段时间完全摒弃印刷，但并没有完全做到。虽然同时发行印刷版和网络版的期刊比例在逐渐降低，但距离期刊100%在线出版那天的到来还很遥远。虽然网络几乎无所不在，但网络访问水平在世界各个发展中地区依然是参差不齐的，出版商面临着逐渐减少但依然存在的印刷版期刊需求。这意味着，他们必须继续处理多个生产工作流程，这在原有困难和昂贵流程的基础上增加了复杂性和成本。

双重格式出版的持续也为图书馆创造了难题和成本。图书馆不再仅仅是一栋被实物文件填满的建筑，它现在还是一个在线文档的访问代理，典型的学术图书馆提供访问的在线数据集合比实体集合大很多倍，这要求图书馆员承担许多新角色，并且掌握许多新技能，包括许可协商、身份验证系统的故障排除以及数据库管理。同时，即便利用率下降，图书馆实体馆藏依然占据空间并且需要维护。

对于学者和研究人员他们自身而言，新的学术交流生态系统提供了丰富的机会、新的难题甚至是风险。在线出版的启动成本相对较低，导致了新期刊的激增，这些期刊在提供更多出版机会的同时，也使得区分高质量和低质量的学术成果变得更加困难（甚至完全是出版骗局，在近几年激增，会在第13章进一步讨论）。此外，在线访问能够实现更精确地追踪文章被阅读或引用的时间，这意味着（起码从理论上讲）可以用迄今从未设想过的方式测度一篇文章在现实世界中的影响力。这引发了新工具为了被接受而相互竞争，以及新的机构政策和政府政策，而这些政策并不总是被系统中的每个人（至少是所有作者）欣然接受。尽管在线出版使得传播成本和难度大大降低，但却难以降低营销成本，同时创造了有望出版商承担的新角色，如作为内容的永久存档。

2.1.2 学术交流的土壤

2.1.2.1 college 与 university

这两个术语的用法（以及它们在日常对话中替换使用的程度）在不同国家稍有不同。在美国，短语“going to college”常常是暗示二级到三级教育升级的通用途径——因此如果一个人问一个认识的人“Where did you go to college”，答案可能是“At the University of Michigan”，没有人会对这个答案产生疑惑。然而，college 和 university 之间存在着实际的、意义上的差别，或者更准确地说，这些术语之间存在着许多意义上的差别，这些差别会因语境不同而不同，并且真的会令人困惑。

college 和 university 之间的一个共同界限是机构类型。在美国，一所 university 一定至少是授予学士学位的四年制院校，通常还开设研究生课程，授予硕士和博士学位。相比之下，一所 college 通常是两年制或四年制院校。community college（社区大学）通常开放录取（意味着任何拥有高中文凭的人都有资格被录取），提供为期两年的学习课程，并授予副学士学位。社区大学也在为那些在进入 university 或四年制 college 前需要额外预备的学生提供专业认证项目和补习方面发挥重要作用。四年制 college 通常注重人文科学而非应用科学，强调课堂指导而非研究。

2.1.2.2 卡耐基大学分类体系

卡耐基高等教育机构分类是卡耐基教学促进基金会于 1973 年创立的一项体系（2014 年，基金会将该体系的负责权转交给了印第安纳大学伯明顿分校的高等教育研究中心）。① 这一体系的目标是将机构置于可以反映它们的使命、教研

① http：//classifications. carnegiefoundation. org.

侧重点、提供指导的年限等特征的大类之下。① 卡耐基大学分类体系的七个基本类型如下：

（1）Tribal Colleges（部落型学院）：它们是 college 和 university 的混合，都属于 American Indian Higher Education Consortium（美国印第安高等教育联盟，AIHEC）。

（2）Special Focus Institutions（特别关注学院）：它们由两年制和四年制院校组成，学科专业化程度都很高，这其中包括法学院、医学院、艺术与设计学院、技术学院和其他高度专业化的学院，所有这些学院通常注重专业储备和认证，而不是更广泛的通识教育。

（3）Associate's Colleges（专科型学院）：通常被称为 community college（社区大学），比较突出的特点是授予两年制副学士学位。这些学院被进一步细分为传统通识教育、技术教育以及兼而有之。

（4）Baccalaureate/Associate's College（本科型/专科型学院）：这些学校提供至少一个学士学位项目，它们被进一步细分为较为均衡的学士和副学士学位混合项目以及主要侧重于副学士的项目。

（5）Baccalaureate College（本科型学院）：这类院校每年授予的学位中至少有 50%的学士及其以上学位、不超过 50 个硕士学位或 20 个博士学位，通常被称为 liberal arts college（文理学院）的大多属于这一类别。

（6）Master's Colleges and Universities（硕士型学院与大学）：这类院校每年授予超过 50 个硕士学位但是少于 20 个博士学位，它们被细分为 M_3，M_2 和 M_1（代表较小的、中等的和较大的项目）。

（7）Doctoral Universities（博士型大学）：这类大学每年至少授予 20 个博士学位，与硕士型学院与大学相似，依据研究活动细分为 R_3（中级）、R_2（较高级）、R_1（最高级）。“研究活动”根据若干标准进行衡量，包括各个科学领域的研发经费、研究（相对于教学）人员规模以及所有学科的博士学位授予。②

可以想象，一个特定机构所属的卡耐基大学分类将在一定程度上与该机构的学者和科学家与学术交流生态系统互动的方式相关。比如，博士型大学的教师会

① http://carnegieclassifications.iu.edu/classificationdescriptions/basic.php.

② http://carnegieclassifications.iu.edu/methodology/basic.

高度参与到学术成果的发表，而专科型学院的教师则更多地扮演原创学术成果的消费者而不是生产者。

2.1.2.3 大学的组织结构

我们区分学院和大学的另一个重要意义是，它可以应用于大学本身的组织架构。在传统的英国模式中，一所大学实际上是college（学院）的荟萃，每个学院都或多或少地独立于其他学院（以及整个大学机构整体）。英国的牛津大学和剑桥大学把这一模式发挥到了极致；在各种情况下，每个学院有特定的课程重点，但这些重点并没有反映在学院的名称上。美国模式倾向于保留大学内部学院的基本结构，但学院在结构上通常并非那么独立，往往依据学科来确定：人文学院、法学院等。在美国的university（大学）里，college（学院）里包含school（学院）也十分常见，因此，一所大学可能有一个College of Fine Arts（美术学院），这个美术学院可能包含一个School of Music（音乐学院），一个College of Earth Sciences（地球科学学院）可能包含一个School of Mines（矿业学院）。然而更值得注意的是，一个College（学院）是由多个department（系）组成的，"school"和"department"之间的区别不太清晰，可能因机构而异。

更令人费解的是，一些高等教育机构既不是college也不是university，这类机构的种类相当广泛，但一个重要实例是以麻省理工学院（Massachusetts Institute of Technology）和加州理工学院（California Institute of Technology）为代表的私立研究机构（这些不应该与佐治亚理工学院（Georgia Institute of Technology）混淆，这所众所周知的佐治亚理工实际上是一所公立大学）。

另一种重要的高等教育机构是盈利性质的学院、大学和机构——有些是经过认证的，有些不是——它们既提供传统的学位课程也提供专业认证，通常是以网络形式（尽管有时也在位于商店和办公大楼的"校园"里）。这些机构近年来受到的详细审查越来越多，一些机构被指控使用过于激进的招募策略，对毕业后的就业前景作出不切实际的承诺，还有一些收取的学费过高。迫于此压力，美国最大几家盈利性质的高等教育机构已经失去了认证资格，并于近期关闭。尽管如此，营利机构仍然是高等教育体系的一个重要部分，并在其中尽可能地发挥着重要作用。然而，营利机构在学术文献的产出和发表方面并不是重要的参与者——

这类机构没有大学出版社，也不会对其教师有太多发表原创学术成果的要求。

2.1.3　学术交流的动力

2.1.3.1　终身教职的含义

在“终身教职和晋升”这一概念出现之前，很长一段时间内没有关于学术交流的探讨。这是因为许多（即使不是大多数）学术作者在他们职业生涯的第一阶段，或试图进入终身教职体制，或（已经获得）试图维持终身教职以便能够继续被聘请。尤其在这段职业生涯中，他们在学术交流方面作出的选择会受到上述目标的极大影响。

因此，什么是终身教职？从本质上讲，是一种终身雇佣的状态。当一个年轻的学者或科学家被聘请获得终身职位（通常是助理教授级别），预计他将作为一个学者、科学家和/或导师5—7年，最后他要么被授予终身教职，获得永久的教师身份，要么未被授予终身教职，合同终止。通常情况下，一个人在获得终身教职的同时还被提拔为副教授。因此终身教职制度是一个典型的“非升即走”的例子——要么在规定时间内晋升，要么被解雇。

所有这些足以解释学者和科学家想要获得终身教职的原因。这个问题之所以与学术交流密切相关，是因为在大多数学科中，在声誉良好的刊物发表自己的学术或科研成果对获得终身教职至关重要。在这样的刊物发表成果是助理教授向他的科研同僚们展示自己的成果被本学科其他同僚所认可，出色的发表记录也是教师委员会考虑授予终身教职时的首要参考依据之一。

但终身教职对教员重要的另一个原因与学术自由相关，这点将稍后在本章进行更全面的讨论。

值得注意的是，许多学术教职员工并不属于终身教职体制，而是兼职教师或临时雇员。兼职教师通常每次被雇佣一至两年，他们的工资根据教授课程的数量而定，并非固定工资。近年来，相比于选择终身教职聘任制度，兼职教师的比例迅速增长，部分原因是兼职教师的薪酬低很多，还有部分原因是相比于现有的终身教职岗位数量，新毕业的博士数量大幅增长。显然，兼职教师热切渴望获得终身教职，并会力求通过建立出色的学术发表记录来帮助他们实现这一目标。

同样值得注意的是，并非像大众媒体有时过度渲染的那样“教授有着轻松而容易赚钱的永久工作且不会被开除”——说到终身教职，“永久聘用”并不意味着“无论如何都能保证永久聘用”。获得终身教职并不意味着你不会被因故开除，它甚至不意味着你不会失业。它意味着学院或大学已经决定持续聘用你，但如果你是一名教师，你的表现仍会收到定期的审查和评估，并且如果你无法胜任自己的工作同样会被开除。教师也可能会因为机构面临严重的经济压力而失业。尽管如此，大众媒体指出终身教职人员很难被解雇不无道理——事实上的确如此。这将引出我们的下一个问题。

2.1.3.2 终身教职的意义

终身教职制度最常见的解释理由是，它维护了学术自由——这种自由是根据个人信念和最佳专业判断阐述、撰写和教学，虽然终身教职人员可能会因故被开除（例如持续缺席教学课堂或犯下学术渎职的行为过错），但他们通常不会因为教授一些院长或大学校长不赞同的内容、撰写具有争议的书籍或采取特殊的政治观点而被开除。此外，在学术机构中，人们普遍坚信，教师决定所有教授内容——课程不是由学院或大学的管理部门设计的，课程内容也不是由它们决定的，教师可能会被告知他们将教授哪些课程以及何时开课，但课程包含的内容以及教授方式都由教师自行决定。

这样的安排对教师和机构都有益处，因为它提高了机构的学术声誉，使其更容易吸引顶尖学术人才。尽管行政管理人员经常抱怨与终身教职人员交涉时的困难，但试图废除他们所在机构终身教职制度的情况并不多见（尽管也有先例）。

所有这些意味着，开除终身教职人员确实很困难，这样的解雇行为发生得相对较少，即便发生了，也总是经过一个漫长的、曲折的、行政上困难的过程，由至少一个（通常是更多）教师委员会和机构管理人员审查。除了决定学校的课程内容，教师的工作还包括提议将谁加入、不同意谁加入以及同意谁留下来，作出这样的决定并非易事（在大多学术机构中，校长会批准教师的终身任职决议，通常董事会也必须通过这些决议——但在绝大多数情况下，这些批准只是“过场”

式的盖章过程，真正的决定是由教师作出的）。

2.1.3.3 学者间的竞争关系

学者间是否存在竞争？当然有，而且它以多种方式存在——所有这些都与学术交流有关。

首先，学术界存在工作竞争。这种竞争是激烈的，而且随着研究生院不断培养出比就业市场需求更多的新学者和科学家，竞争愈演愈烈。这种失衡是由许多因素造成的。一方面，资深学者往往不愿意退休，这意味着许多机构的终身教授职位迟迟不空缺，与此同时，正是这些机构不断培养出需要工作的年轻学者。另一个因素是一般高等教育的资金水平停滞不前，尤其是公共机构。不变或下降的预算意味着当终身教职空缺时，机构必须艰难地作出决定，是否填补这些职位或在其他地方使用工资储蓄（比如给现有职员增加薪资）。我们已经讨论过这样一个事实，即许多教师根本就不在终身教职职位上，而是兼职教师（按年或学期签订合同，教授特定课程）。越来越多的兼职教师，在一定程度上反映了竞争日益激烈的学术工作。这种日益激烈的竞争给初级和有抱负的教师施加了额外的出版压力，因为良好的出版记录是使自己在竞争中脱颖而出的最有效方法之一。

这就让我们看到了学术和科学作者之间竞争的第二个重要方面：在著名期刊上的位置竞争。稍后我们将讨论声誉是如何决定的问题，以及围绕这个问题的一些争议，但对于我们这一章的目的而言，重要的是理解，在一些期刊上发表文章比在其他期刊上发表更令人满意，最负盛名的期刊拒绝了绝大多数的论文投稿。这显然在学术和科学作者之间创造了在这些期刊发文的显著竞争（当然，对于学术著作的作者来说，大学出版社也存在着相似的竞争动态）。

作者间竞争的另一个重要方面是对资助基金的竞争，这种竞争在科学学科中尤其激烈，因为在这些学科中，研究需要昂贵的装置和设施，而且进行研究可能要花费数十万或数百万美元。

所有这一切表明，尽管学术和科学作者间存在的竞争动态并没有汽车制造商或肥皂制造商之间的竞争那般直接，并且学者和科学家们还经常一起合作，在学术交流生态系统中有真正的竞争因素在显著地塑造其动态。

2.2 学术交流的形式特征

2.2.1 学术交流的多种形式

我们参考了许多介绍学术交流生态系统的具有代表性的文章和其他成果，但在这一小节我们将更详细地探究其特征和种类。

在 STM（Science，Technology and Medicine，科学、技术与医学）学科领域，最常见和最基本的学术交流单元是经过同行评审的期刊文章。同行评审是学术交流中一个非常重要的概念。简而言之，同行评审是一项将作者提交的稿件交给一个或更多的专业同僚、在编辑终审意见之前进行评审的制度。之所以采取这种方法，是因为尽管期刊编辑通常对本学科具有全面的了解（特别是对其所在的子研究领域），但他们不可能对本学科的所有领域都足够了解，以至于能够全面评估提交的每一篇文章。如果这份期刊很受欢迎、提交文章的录用率很低，数量上的挑战使得将提交稿件的一些早期评审外包出去十分有必要。因此，同行评审人员提供了一种粗略的编辑服务，让期刊编辑知道哪些文章值得特别关注、哪些不值得。同行评审通常是“盲审”（也就是说作者不知道谁在审阅他的稿件），有时是“双盲评审”（意味着审稿人也不知道作者是谁）。如前所述，同行评审机制的更多细节将会在本书的第 4 章中进行探讨。

在人文学科中，文章也很重要。然而对于大多数追求终身教职的教师来说，发表一部专著是必不可少的，通常由大学出版社出版。发表专著不足以确保获得终身教职，但在许多人文（以及一些社会科学）领域，如果不这样做会很难获得终身教职。

并非所有重要的学术交流都在期刊或书籍上发表，然而——实际上不是所有的都会正式发表。随着网络的日渐成熟，学术信息交流有了更多样和更可靠的交流渠道，既有学者之间的，也有学者和公众之间的。非正式学术交流最重要和最著名的渠道之一是一个名为 arXiv（发音为“archive”，因为单词中间实际上是希腊字母的 chi 看起来像大写字母 X）的预印本存储库。我们将在第四章讨论预印本存储库，但 arXiv 的特殊历史值得在这里提一下。arXiv 由洛斯阿拉莫斯国家实验室的 Paul Ginsparg 于 1991 年创立，是一个为物理、数学、计算机科学、非线性科学、定量生物学和统计学等领域科研论文作者搭建的在线交流平台。① 作者们可以在这里分享其科研论文的初始版本，从同僚那里获得反馈，他们分享的论文也是对公众免费开放的。提交的稿件将受到简单的同行评审（为了剔除不适合平台的内容）但不会被 arXiv 的员工或版主另行编辑。许多提交到 arXiv 的初始版本论文之后会以最终版本在期刊上正式出版。2011 年 arXiv 从洛斯阿拉莫斯移到康奈尔大学图书馆，近年来出现了许多类似配置的预印本服务器服务于其他科学领域，包括 bioRXiv，PsyArXiv，SocAeXiv 和 engrXiv。

网络也催生了博客，博客在过去的十年里对学术交流产生了重要影响。博客最初被称为“网络日志”，其本质上就是在线日记；许多公司提供免费的博客账号（最受欢迎的平台包括 WordPress 和 Blogspot），允许用户注册并在预先格式化的在线空间中畅所欲言，读者也可以发表评论。然而随着时间的推移，博客已经成为严肃的学术和科学论述的重要平台。“学术博客”一词不再引起嘲笑或大笑，相当多的专业和学术团体都在博客上讨论重要问题。博客的重要功能之一是作为一个辩论平台——正式发表在期刊上的论文会定期在相关博客上被讨论、剖析和批判。在发表权威见解方面天赋异禀的科学家和学者能够在其个人博客上发展出庞大的读者粉丝群体，这反过来会将读者吸引到他们的正式出版物。有时期刊也会创建博客账号，甚至有一些正式出版的在线期刊本身就是建立在博客平台上的。

邮件用户清单服务（listserv）是学术交流的另一种形式，互联网的兴起使其成为可能，这种形式对学者相互交流的能力产生了重大影响。listserv 基本上算是一个电子邮件讨论组，订阅之后你会立刻成为正在进行的有关学科发展、有价值的争议、即将发生的事件等话题中的一员。一些学术和专业的 listserv 比较冷清，每个月只产生少量消息；而另一些则更加随意，好像是满怀恶意的，每天产生数十条（甚至数百条）消息。listserv 通常是在线存档的，尽管他们的内容从未被认为是权威甚至正式的，但他们能够以非常重要的方式为学科的思想发展作出贡献。

学者之间还会进行面对面交流，无论是一对一的非正式交流还是在专业会议

① http：//arxiv. org/help/general.

上更加正式的交流，学者通过做展示分享论文和研究成果。在会议上展示的论文通常会在之后正式发表——有时在期刊上，有时在记录会议展示内容的会议论文集上。当然，距离较远的学者之间还会通过信件、电子邮件和电话交换想法、分享初步的发现和发表论文的副本。

2.2.2 学术交流中的记录版本

随着互联网作为学术交流主要媒介的出现，版本控制已经成为学术交流的一个主要问题。这个问题与互联网通信的主要优势之一相反：文档复制和副本发行的简单快捷。因为科学和学术或多或少地取决于科学家和学者间的持续交流，互联网大大增强了学术交流的活力和进行学术对话的可能速度——从而导致了文档版本混乱状况的持续恶化。

为了了解这个问题的范畴，假设你是一名社会心理学领域的社会科学家，你主要针对三个地理位置不同的大城市的抑郁症人群进行一项研究，发现了群体内部和群体之间有趣、动态化的相似性和差异性。现在假设你根据这些发现撰写了一份初步的报告，并且通过电子邮件发送给了几个值得信任的同事或者将其上传到了预印本存储库（如 SocArXiv），征求同事们有关优缺点的意见。根据他们的意见，你调整你的陈述、凝练你的论点，并将最终的修订版提交给同行评审期刊。编辑将把提交的稿件发送给几个同行评审人员，他们会给出各自的意见。那些意见会发送给你并要求你再次修改文章，你照做之后向编辑提交一个新版本。这个版本（通常被称为“作者接受的稿件”）在接收之后被出版。几个月后你将会收到一个排版后和完全格式化的待校对版本，要求你在出版前检查是否有误。你找到了几处错误（包括几个措辞不当的句子和几个需要稍微缓和语气的论断），然后回复正确的校对稿，文章最终将以更正后的版本出版。

经过上述过程——这对于大多数学术和科学作者来说非常具有代表性——你创建的文章版本将不少于 5 个：与同事分享的初步报告、最初提交给期刊的原始版本、考虑评审人员意见的修订版、排版后和格式化的待校对版本以及校对后的最终版本。这其中有些版本（比如待校对版本）不太可能被你或任何人再次看到。然而，其他版本可能通过各种方式出现在网上，可能是全部也可能是一部分。你的一个同事可能会在发布 listserv 时从你的初步报告中引用一段，你可能会将被录用版本的稿件上传到所在机构存储库，最终出版的版本会在网上发布，可能会立刻或在限制期结束后向公众免费开放，等等。此外，你可能会在某一时间创建一个 PowerPoint 来描述你文章的方法论和发现，并在一个会议上以与文章发表时相同的题目来做展示——*voilà* 是第六个版本。

随着你文章的多种版本在网络空间广泛传播，哪个是权威版本这一问题显得至关重要——反映了使文章更可信的所有调整和更正的权威版本在文章从雏形到最终发表的长期过程中是必需的。当你的同事从你的最初报告中引用一段时，那一段会不会被你随后在终稿发表前进行了重要修改？你是否在被录用稿的提交和校对稿的提交之间对文本做了实质性的修改（如果你是一个有着长期发文经验的作者，这个问题的答案几乎是可以肯定的——一个作者一旦在未经校对的版本中发现了一个细小的印刷错误，如果得不到修改，他将会推翻自己在这段话中试图论证的论点）？

一篇文章官方的权威版本被称为“version of record”（“记录版本”）。不出所料，它几乎总是最终的、完全格式化的、正式发表在期刊上的版本。同样显而易见，其他学者在引用时应该使用记录版本。这并不意味着它是唯一有用的版本，这取决于一个人查阅文章的目的，作者的被录用稿件或者其他预印版本可能已经是完全能够被接受的了，但在学术交流生态系统中，通常认为记录版本才是应当被视为最终的、权威的版本。

2.2.3 正式学术交流的重要性

非正式学术交流（发博客，和同事打电话，给朋友发一份文章草稿，会议中的走廊谈话）非常简单快捷，且通常是仅仅分享信息的有效方式。无论是以专题著作、研究论文或其他已出版产品的形式，正式学术交流总是既费时又费力。为什么学者们要这么做？

当然，原因不止一个。对于终身教职的学者来说，正式出版物通常是一项工作要求：如果你没有在大学出版社出版一本书，又或者没有在有良好声誉的同行评议期刊上发表一定数量的文章，你无法被授予终身职位并且会失去工作。对于这种情景下的学者们，正式出版物是一项认证工具：它证明了一个人的工作被他专业领域内的同行认定为具备高质量和高相关性。

对那些不是终身教职但又希望成为终身教职的学者们而言，正式出版物可以使得他们成为更具吸引力的任命候选人，由于校园中兼职讲师和博士后研究员的数量在持续增长，这一功能的重要性可能会增加。在大多数学术领域中，终身职位的市场极其艰难，那些想在学术界工作的人，通常以讲师或兼职教授作为暂时任命开始，又或者以博士后研究基金作为他们踏入门的第一步。在这种情景下，对处于学术职业生涯早期的人来说，正式出版物不仅仅是一个将他们研究的内容分享给同行和同事的手段，也是向未来考核他们为工作候选者的人，证明自己的学术严谨性和成就的方式。学术交流在为有抱负的终身学者提供自我品牌化和认证过程中扮演的重要角色不容忽视。

学者们当然也希望他们的成果被人阅读，并在他们领域内外都有一定影响力。在万维网出现前，将一个人的成果发送给感兴趣的读者的最有效和高效的方式，是把成果发表在最德高望重的出版物上，但是只有少数可获得极高的阅读量，即使是最具名望的学术期刊也仅仅有相对较少的读者。在今天，仅仅使一个人的成果能够被广大潜在读者发现和获取，是最简单不过的一件事了：把它放到网上，数以亿计的人们就可以立即阅读（尽管使它可以容易地找到需要多一点工作)。这个问题，以及学者们如何决定他们的成果在哪里展示，将在第 4 章进一步讨论。

2.2.4　正式学术交流的特征

可能有人会问，为什么在互联网时代——拥有免费的博客账号、即时的电子邮件发送、列表服务和预印存储库——正式的学术交流仍然是一个缓慢而费力的(因此也是昂贵的）命题。这个问题至少有两个答案，一个更令人满意，另一个则并非如此。

不那么令人满意的答案是，学术出版是一个变化缓慢的领域——几乎和学术界本身一样缓慢。尽管近些年已经有著名的实验在相当激进地修订例如学术期刊和专著的传统出版形式（其中一些将在本书的其他部分详细讨论)，正式学术交流的主要结构看起来仍然像 50 年前那样：期刊，其方法的本质一直是期刊编辑和同行评审，然后以月刊、季刊或半月刊的形式出版；专著，即使以电子书的形式出版，它们外观的感觉仍然有点像印刷的专著。可以说这些格式和结构已经过时，但这并不一定意味着期刊和专著过时——它们保留了学术出版无可争议的价值——但不可否认的是，它们费时费力。学术界和出版界普遍认为，它们没有像应有的那般迅速或充分地发展。

更令人满意的答案是，在完成大多数人认为对学术产品的完整性和质量至关重要的任务时，没有太多捷径可走。例如，尽管对同行评审过程存在批评者，而且已经有人尝试提出替代方案，但同行评审仍然被普遍认为是期刊文章（在某种程度上，也包括学术专著）学术认证的黄金标准。考虑到规模这一简单问题时，为什么应该是这样的变得显而易见：没有期刊可以雇佣到足以彻底评审每篇提交文章的所有编辑，在大多数情况下，提交文章的数量很多，而且它们的专业种类也十分广泛。此外，提交的数量一般是增长的，并且所属专业种类也在持续激增。解决这个规模问题的方法是委托或外包：外部同行评审人员自愿贡献他们的时间和学识，全面评审所提交的文章，把他们的建议反馈给编辑。他们很少因为这项工作而获取费用，他们主要是自愿在工作中或个人时间期间内履行评审职责的学者，可以理解为，他们既为整个学术事业作出了贡献，又在他们自己的文章需要被其他地方的志愿者审阅时，建立一个循环。

当然，这个体系充满了问题。首先，审查的文章一定比最终发表的文章多，这意味着评审人大量的工作结果不在于使文章或书被采用，而是阻止一些书被采用。管理同行评议过程的自身——追踪哪些文章已经被审查和由谁审查，追踪评审人是否迟缓响应（甚至接受任务之后从不回应），按照审稿人的建议行事（这通常会导致修订完成后的第二轮评审），与不同意修订建议的作者协商——这是一个非常耗时的过程，也会让人在情绪上感到疲惫。大多数编辑本身就是有全职工作的学者，而且许多人还没有为他们的编辑服务付费；他们与同行评审志愿者投入同样的精力，虽然他们也得到了一个好处，使其专业简历更漂亮，这将有助于他们获得终身职位或晋升到另一个职位。

正式学术交流的其他棘手情况也导致其成本增加和进度缓慢。大多数学术出版社是学术和研究团体，预算非常有限，这使得采用更新或更有效出版技术变得困难；对于许多期刊来说，新研究的迅猛增长导致了大量的论文提交，所有这些都必须以某种方式加以处理——即使是早期的否决也要花费时间和金钱；在当前的学术交流环境中，曾经只出版印刷版的期刊也必须在网上出版（虽然他们通常会持续维持一部分印刷版的存在，这个问题将在本书后面部分充分讨论)，等等。并不是所有人都认同这些问题必然是学术交流领域的永久特征，确实，系统级的解决方案最终可能会出现，但他们还没有这样做，正式学术交流仍旧是一个费时费力的命题。

3 学术交流市场

3.1 学术交流市场的生产规模

这是一个合理的问题，但不幸的是很难回答。目前很难确定有多少学术和科学作者在创造学术成果，部分原因是对“学术和科学作者”没有一个普遍接受的定义。并非所有这些作者都隶属于学术机构：有些为智库或研究基金会工作，许多是受雇于公司的研究科学家——其中一些人可能会发表他们的成果，而另一些人的研究成果仅供雇主内部使用。此外，一些学者独立工作，不属于任何机构或组织（人文学者比科学家更容易产生这种情况，但这绝不是一条硬性规定）。

当然，发表论文的作者数量与发表论文的数量根本没有直接对应关系。一方面，一些作者在某一年发表了很多论文——但是对作者数量和论文数量之间的脱节有更大影响的是一篇论文有多名作者的增长趋势。特别是在硬科学领域（自然科学与技术科学交叉的统称），一篇文章有上十个或更多作者的现象越来越普遍，在某些极端情况下，可能会有数百（甚至数千）个作者署名。显而易见，这种做法是有争议的——几百（甚至数千）名作者不可能都对一篇论文的内容作出有意义的贡献。作者署名有时反映一种指导关系，有时是一种荣誉。无论如何解释，将一篇文章归属于十位以上作者的普遍做法引发了学界的担忧——尽管还不足以引起对这种做法的重大改革。

3.2 学术交流市场的定价差异

截至 2015 年，研究公司 Outsell 估计，科学、技术和数学（STM）学科的全球出版市场（包括期刊、书籍、数据库等）为262亿美元。① 与此同时，研究公司Simba估计，人文社会科学学科（HSS）的全球出版市场规模为50亿美元。②这两个数字的相对规模是指得注意的：如果Outsell和Simba的估计是正确的，那么“硬”科学在全球的市场份额大约是人文社会科学的5倍。对比是惊人的，但差异本身并不会令在这些领域买卖出版物的人感到特别惊讶：科学期刊和书籍往往比人文期刊和书籍更昂贵，并且“硬”科学的出版物比社会科学的昂贵许多。

为什么这种差异如此巨大？答案是复杂的，并且在学术交流领域，倡导的声音无论来自哪里，往往比分析的声音更响亮、更有激情，这一事实使得答案更加复杂——出版商为他们的做法辩护，变革的倡导者呼吁改革，公正的经济分析可能很难得到。然而，至少有两种可能的解释。

第一种是科学出版商垄断控制了高需求的资源。另一种说法是，出版商对STM的出版物收取很高的价格，是因为图书馆往往会购买它们，即使以非常高的价格。图书馆为什么要这么做？因为如果他们不这样做，顾客们会很不高兴。特别是在研究型大学，师生对于高质量科学出版物（主要是期刊）的需求几乎是无止境的，而且由于师生自己不支付订阅费，这些高昂并且不断上涨的订阅成本对他们的需求几乎没有影响。因为任何高需求期刊的出版商都在出售独特的内容，这些内容不能在其竞争方以其他版本购买到（因此每个出版商对其出版物享有垄断权力），几乎没有市场变化对任何一个高需求科学杂志的价格施加下行压力。这一逻辑表明，人文科学的书籍和期刊成本远低于科学领域的图书和期刊的一个根本原因是其需求量更少。

第二个原因是科学研究往往比人文研究更昂贵。当然，这不是一条硬性规定，但它适用于一般情况：需要配备昂贵设备的实验室和一个付费调查团队的协助的研究，其成本高于需要一个人查阅出版书籍或进行调查的研究。当然，并不是所有的科学研究都在实验室进行，也并非所有的人文研究都是在书堆里进行的。但是，把这些学科领域看作一个整体，低成本研究多分布在人文科学领域，而高成本研究多分布在“硬”科学领域。

然而，这一观察引出了另一个问题：虽然研究人员自己的成本没有被其文章

---

① Outsell. STM 2015 Market Size，Share，Forecast，and Trend Report.

② https：//www. simbainformation. com/about/release. asp？id=3880.

的出版商抵消，但为什么科学研究相对昂贵的性质必然导致科学出版物相对较高的价格？换句话说，研究 DNA 可能比研究约翰·多恩的诗歌要花费更多，但实际上，准备一篇关于 DNA 的文章发表比准备关于多恩的论文发表要花费更多吗？答案是肯定的，至少在很多情况下是这样。多恩的文章很可能几乎全部由文本组成，如果准备出版的话，相对来说是便宜的。相比之下，一篇 DNA 文章（或一篇组织学文章或一篇肿瘤学文章）很可能包含多个彩色图像，而准备发表这些图像的成本很高。对一篇发表在“硬”科学（尤其是医学）上的文章的审查，可能比一篇发表在文学上的文章所需要的审查要复杂得多，也要昂贵得多。但是，科学期刊和人文期刊之间的价格差距在多大程度上可以用这种差异来解释呢？这是一个更难的问题。

同样需要重点指出的是，这些变量存在于各种连续体中：学术和科学出版生态系统并不是完全由医学研究和文学论争构成，而且一些社会科学研究的出版成本可能比一些硬科学研究更高。言归正传，在 STEM 和 HSS 出版物之间的成本差异中，似乎最重要的一个因素是市场供需变化。没有一个研究图书馆能够承担不订阅该图书馆主办机构战略重点领域的顶级期刊的责任，因此，这些顶级期刊的出版商可以收取非常高的价格——他们确实如此。

3.3 学术出版商的规模及能力

1. 学术出版商的规模

“学术出版商”的定义有些模糊，并且目前没有统一的全球学术出版商目录，所以很难计算出一个确切的数字来回答这个问题。一份 2006 年发表的评估报告，列出全球学术期刊出版商的数量为 657,① 截至撰写本文时，维基百科列出了全球 157 家大学出版社。② 但学术图书出版商并不都是大学出版社，也不是所有的书籍出版商可以被清晰地描述为“学术的”或“非学术的”。为了举例说明这种模糊性对一项有意义的全球学术出版调查的含义，请考虑这样一个事实：2007 年的一份分析报告发现，仅在印度，就有超过 1.2 万家书籍出版商在该国的国际

① Morris, S Data about Publishing, ALPSP Alert, 2006 (112): 8.

② https://en.wikipediaorg/wiki/List_of_university-presses.

标准书号（ISBN）办公室注册①。因为这些原因，我们可能无法准确地知道特定时期学术出版商的数量。

2. 学术出版商的能力

这些数字比较容易确定。在 2014 年，大约有 28000 个学术和科学同行评审期刊出版。近年来，期刊数量以每年 2.5%的速度增长。② 然而，随着期刊生态系统的变化，这些数字正变得不再那么重要。例如，大型期刊的兴起，其中一些每年发表了成千上万篇文章，意味着统计独特的期刊标题不再像过去那样能够帮助我们了解期刊市场。例如，统计 PLOS ONE（该公司每年发表 2.5 万至 3 万篇文章）和《美国妇产科杂志》（*American Journal of Obstetrics and Gynecology*，根据不同的计算方式，该杂志每年发表 100 篇至 200 篇文章）时赋予相同的权重，可能会极大地扭曲人们对期刊文献规模的看法（有关大型期刊及其工作原理的更多讨论，请参见第 12 章）。

另一个令人困惑的因素是“掠夺式”或欺骗性期刊的兴起。这个问题将在第 13 章进行充分讨论，但是为了解决这里的问题，值得注意的是，因为假的期刊（甚至假的出版运营）可以快速方便地在网络创建——甚至在被揭穿时可以更迅速地撤下——追踪它们可能相当困难，而且在逻辑和概念上记录它们是个难题。我们应该假设哪些期刊是真实的（因此可以算作期刊市场的一部分），哪些可能是假的？这些问题在极端情况下相对容易回答，但也存在很大的模糊性。

至于学术著作，虽然目前整个行业的数据很难获取，人文科学指标（Humanities Indicators）项目（隶属于美国艺术与科学院）的一个研究发现，在 2013 年，所有学术和科学学科大约有 120000 本新书出版：人文学科 54000 本，行为和社会科学 13000 本，工程学科 7000 本，医学 8000 本，自然科学 13000 本，还有 26000 本属于“其他”领域。此外，研究发现，在截至 2013 年的 5 年研究期间，学术图书出版增长缓慢，但相对稳定。③

之所以很难说每年有多少学术图书出版，是因为当我们统计期刊数量时，必

① http：//publishingperspectives. com/2011/07/publishing-in-india-today-19000-publishers-90000-titles/.

② http：//www. stm-assoc. org/2015_02_20_STM_Report_2015. pdf.

③ http：//www. humanitiesindicators. org/content/indicatordocaspx？ i=88.

须解决被计算内容的歧义。有些数据集会分别计算同一本书的精装本、平装本和电子书，尤其是电子版或平装本的出版时间比原精装本晚一段时间。

另一个模棱两可的地方在于“scholarly”或“academic”这个词的性质。特别是在人文学科中，历史或传记的学术著作和非学术著作之间的界限可能相当模糊，而在医学等领域，关于癌症的临床著作和通俗读物之间的区别通常会更加明显。

4 学术出版及其运作

4.1 学术出版与学术交流

正如第二章所讨论的，学者之间的交流方式多种多样，但都存在于一定的形式范畴之内。在该范畴的非正式一端是学者们在工作中、会议走廊、电话中或通过电子邮件进行的对话。正式与非正式之间的是基于文档的交流，如会议海报、研究生论文和博士论文、未发表文章的在线共享手稿和预印本以及博客帖子。范畴的正式一端是像期刊文章、专著、白皮书和会议报告这样的出版物。

显然，一种学术交流模式越接近非正式范畴，它就越不可能以任何方式正式出版。出版商只有在学术交流进入正式范畴内才开始介入——会议海报可能会以原始形式出版，或者（更有可能）作为文章的基础；基金会为内部使用而编制的白皮书，或许会进行正式包装，然后以免费或者收费的形式让公众使用；一篇博士论文或许在修改之后成为正式出版的学术专著。专门为出版而创建的文档通常会在完成后立即被提交给出版商。

那么学术传播和学术出版的区别是什么呢？答案是：学术出版是学术交流的一个分支。所有的学术出版都是学术交流，但只有一些学术交流包括正式（甚至非正式）出版。

但这又引出了另一个问题：学术出版商究竟在做什么？

4.2 学术出版商

4.2.1 学术出版商的职能

从历史上看，学术出版商为作者和读者提供了四种非常重要的服务：

（1）他们根据质量和相关性挑选提交的材料。

（2）他们提供编辑服务，从而努力改进和完善作者的成果。

（3）他们将经过审查和编辑的材料的最终版本提供给公众——通常是收费的。

（4）它们为作者的作品提供了品牌和市场营销，为所讨论的文档赋予名望，并吸引作者的同事（甚至可能是普通公众）关注它。

这些都代表了我们所说的出版商为学者的成果“增加价值”的一种方式：当它从作者的笔下浮现出来时，成果可能（或可能不）与某一领域相关；它可能（或可能不）写得很清楚，也可能（或可能不）遵循语法和标点符号的惯例；它几乎永远不会被格式化，并呈现出一种与正式期刊或印刷书籍相一致的吸引人的方式排版，而且，要把它与未经审核的手稿区分开来并不容易。当处于以下情况时，出版被认为“增加价值”：

（1）它选择一篇文章或一本书稿，而不是另一个（因此，它的读者不必为了寻找相关和可靠的信息，而阅读和分别评估成百上千的文章或书稿）。

（2）它对文章或书籍的原始手稿版本进行了编辑上的改进（消除语言缺陷，紧凑文档结构等）。

（3）它使文档可被读者发现并广泛使用。

（4）它证明了成果的可靠性和高质量。

我们将依次研究这些功能，并考虑近年来它们发生变化的部分——在某些情况下，它们还在继续变化。

出版商的挑选功能仍对作者和读者都很重要，在上面概述的广泛功能中，它可能是在过去几十年里变化最小的。想象一下，如果所有提交给出版商的书籍手稿都被自动接受并出版，而不管它们的质量如何，也不管它们与特定领域的相关性如何——当你拿起一本书的时候，你绝不会知道自己将要读的是废话还是经过深思熟虑的知识。当你阅读一期儿科医学杂志时，你无法知道里面的文章是否与儿科有关，或者是否有任何可靠的科学实践基础：有些可能是，有些不是。当然，这并不是说大学出版社出版的专著或学术期刊上发表的文章总是具有最高的学术质量，也不是说正式出版的程序足够严格，可以免除读者批判性阅读和判断的责任。但出版商历来为读者所提供的一项重要服务，就是为他们进行学术知识挑选。读者可能无法对自己说："我在《柳叶刀》上读过，因此我知道这是真的。"然而，读者可以假设，如果他在《柳叶刀》上看到一篇文章，该文章已经被了解该领域的科学家严格审查过，因此该文章很可能与医学极其相关，内容至少值得认真对待。

学术出版的编辑功能是另一个一直被作者和读者所重视的功能。一篇文章或一本书可能包含非常有用和创新的信息，但结构很差，或者有一种不必要的不清晰的写作风格。作者在撰写文章或书时对语言的使用没有天赋（甚至不是完全流利），并且文章或书在可读之前文本可能需要重大修订（修订之后将由作者审查，确保他们没有改变文本的含义）。一旦内容本身没有问题，它的格式将根据出版要求被调整。每个期刊或书籍出版商在文本和引文格式方面都有一种"印刷风格"，所有稿件为此都要进行调整，以便读者能够从一篇文章到另一篇文章或一本书到另一本书的过程中感受一定的一致性。如果文本包含图像、图表或其他图形内容，则需要考虑图片大小和分辨率问题（更不用说版权问题了，更加复杂）。通常需要有人对文本和引文中链接的有效性进行双重检查。这些只是众多编辑功能中的一部分，已由出版商执行并将继续执行。

选择和编辑几乎从一开始就是学术出版的重要方面，即使经过几十年，信息产生和向公众分发的方式有了根本改变，它们在今天仍然很重要。然而，这些变化对出版商增加价值的第三种传统方式（即让读者和研究人员能够发现并广泛获得学识）产生了更为重大的影响。

几个世纪以来，发现特定文件的存在是困难的：只有非常有特权的人才能获得目录，而这些目录充其量只是初级的，而且都是过时的。随着印刷和出版技术的进步，读者了解特定书籍和文章的存在变得更容易了，当然今天，我们有了装有强大搜索引擎的互联网，创造了前所未有的丰富的查找方式。然而，了解文档的存在并不意味着可以获取它。在印刷时代，出版商通过印刷多份副本、实体分发和出售副本，使文档被大众使用。一个人购买了一份文件的副本，就可以通过将其借给他人或创建新的副本（无论合法与否）来延长其可访问性。

显然，随着互联网的出现，出版的这个方面发生了最根本的变化，作家不需要再依赖出版商来让更多的读者阅读其作品了（尽管使其作品可被利用并不等同于使其作品可被发现，我们将在之后进一步讨论）。互联网代表一组建立在高速的文本和元数据搜索、文件自动复制、文本和图像的瞬时传输等全新功能上的连锁技术，使得在线文档比以往任何时候都更易被发现和共享。自从电话发明之后，没有一项技术创新比互联网对人类交流产生的影响更重大——这种影响的一个小表现就是这样一个事实：没有人真的需要出版商以使自己的学术成果被数十亿人使用。

尽管读者（正如他们愿意继续购买正式学术出版物的使用权）和作者（正如他们愿意继续向正式出版物提交作品而不是仅仅让它在线免费）都仍高度重视挑选，编辑审核和质量控制的作用，但出版商作为内容经销商的价值被大大削弱了。

出版商的第四个非常重要的功能是声誉标识和营销。对作者来说，使文章在某一期刊发表或使书籍在某一出版社出版是为了给自己的作品附加声望，而出版商的营销力量也会因作品而发挥作用。前者对于学者来说是一项非常重要的功能，他们通常需要的不仅仅是让读者能够阅读他们的作品——他们需要一种快速直观的方式向读者表明，他们的作品已经被审查并被发现是有价值的。一个人的文章发表在《新英格兰医学杂志》（*New England Journal of Medicine*）或一个人的书在哈佛大学出版社（Harvard University Press）出版，都会非常有效地传递出这一信息。把自己的作品交给出版商也有助于确保作品被读者发现——在互联网日益混乱的背景下，这一考虑尤其重要。让一个人的成果在技术上可被获取是一回事，而确保它被那些可能想读它的人真正找到又是另一回事。

4.2.2 学术出版商存在的必要性

4.2.2.1 出版商对学术发展的促进作用

21世纪以来，这个问题变得存在争议有很多原因。

至少从20世纪60年代以来，学术交流领域的三大重要发展引起了广泛的关注：学术期刊的成本上升（尤其在科学、技术、工程和数学——或STEM——学科中）、学术图书馆资助基金不变或下降和随之的图书馆学术专著购买量的较少，图书馆之所以减少专著购买量是为避免减少期刊订阅量而削减书籍采购费。这三个发展在本书的其他地方会进一步深入探讨。目前，我们关注的重要问题是要理解这些发展（除其他之外）导致了我们（尤其是图书管理员）对学术出版商更加不满。伴随着互联网的到来，以及在因此产生的复制和分发文件新方式使单位成本几乎没有增加的情况下，学术生态系统的一些成员对于出版商的必要性提出了越来越多的怀疑，同时也有人质疑我们是否还需要图书馆。

考虑到这个问题，我们必须要知道学术出版商领域存在着两种截然不同的组织类别：一是为了利润的商业出版商（例如，Reed-Elsevier、Taylor & Francis 和 John Wiley & Sons），另一类是非营利的出版商，通常是由教育机构或者学术和科学学会组成（例如，大学出版社或者像美国地震学会（Seismological Society of America）和美国历史协会（American Historical Association）这样的期刊出版商）。但是，也有一些出版商并不完全符合上述任一类，例如，牛津大学出版社既是一个大学出版社，又是一个每年总收入数亿美元的跨国公司，另外，美国化学学会实际上是一个非营利的学会出版商，但它每年通过发行高价期刊或数据库也会获得数亿美元的收入。除了特殊情况，学术生态系统中的大多数出版活动都属于“商业利润出版”和“非营利机构或协会出版”的范畴。

使“学术交流生态系统是否仍旧需要出版商”这个问题更加复杂的原因之一是，学术与科学协会不仅收取访问已出版内容的费用，而且使用此项收入为其成员提供服务。对很多学会来说，对公司企业内部刊物的订阅费可以给学会成员提供福利，对于其他出版商来说，订阅收入可以承担组织其他活动的花费以及让组织成员获益，例如对年会的注册费打折等。

但是“我们是否还需要出版商来促进学术发展”这个问题还没有答案，这个问题的答案毋庸置疑是很复杂的，部分原因是并非所有人都认同出版商所做事情的价值或者其合适的角色和功能是什么。出版商向作者提供一套服务，对读者提供另一套不同于作者的服务（以及对经常作为代表读者的访问中间商提供不同服务）。因此，通过提出一个不同的问题开始回答这个问题可能是一个好主意：为什么学者向出版商提交他们的成果？他们如何在众多出版商之间作出选择？第一个问题已经在第二章进行过讨论，而第二个问题值得在这里解决。

4.2.2.2 学术出版商当下的存在价值

不论出版商是营利企业或机构，还是非营利学术机构，学术出版商还是要通过两件事情保持正常运转：一是作者持续提交的内容流，二是读者，代理商或机构持续提供的收入流（在某些情况下，内容和收入都来自作者，或至少来自作者一方——详见第12章的进一步讨论）。如果既没有内容又没有收入，出版商就不能继续他们的工作了。

事实上，出版工作一直算是一个蓬勃发展的产业，这表明无论作者还是读者都需要出版商。对于作者来说，他们不仅希望自己的成果被别人广泛使用（这项工作他们可以在不正式出版的情况下完成），也希望自己的成果得到著名期刊或者书籍出版商提供的质量和相关性认可。对于读者来说，他们需要访问权限，并且通常只有对出版商或出版商代理机构付款才能获得访问权限。所以，基于直接从出版商工作获益的人的明显行为，“我们是不是真的需要出版商”这一问题的答案显然是“Yes”。

但是，对于这一问题还有另一种可能的答案是实际上我们不再需要出版商了，但是论文作者和付费读者不支持这一观点。作者向出版商提交他们的研究成果可能并不是因为他们真的需要出版商提供的服务，而是如果他们只知晓出版商这一方案，他们忽略了他们本可以找到的其他可接受的替代方案。或者他们知道可替代的方案，但是不看好替代方案的可接受性以及接受新方案所需的相应培训。对于读者来说，情况有些不同：只要出版商是学术内容的版权持有者或独家经销许可的拥有者，读者除了向出版商购买资源或者依赖像图书馆这样的经纪人去购买之外，他们可供选择的合法途径就很少了。

有意思的是，这意味着与读者和图书馆的购买行为相比，作者的持续提交行为可能是衡量出版商持续必要的更可靠指标。作者可能错误地认为他们需要出版商，但是在某种程度上，出版商一直在控制内容，读者别无选择（在法律允许的范围内），只能在他们想获取内容时使用出版商的服务。当然，一些人或许很容易认为，这种安排的持续存在反映了出版商一方的惯性或不健康的市场垄断，而不是人们真正需要出版商。人们对于这个问题的观点是不同的，关于该分歧的一些争议核心，我们将在本书后面章节讨论。

4.3 同行评审

4.3.1 同行评审的流程

在学术交流领域，同行评议是一个非常重要的概念。它描述了一种智能的质量控制系统，在此系统中，作者的一个或多个同行和同事被邀请在发表前对他的作品进行评审，并提出关键的反馈。出版过程的这一步通常发生在作者提交他的作品后，通过了普通编辑的初审：编辑已经仔细审查确定其内容属于该领域，并且撰写合理，似乎展现了重要并且有效的学术或科学言论。

从某种程度上说，我们是请求作者同行的反馈，因为没有一个编辑兼具渊博的知识和丰富的时间去全面评价提交的每篇论文，尤其在涉及领域相对较广的期刊（例如 *Nature*，而不是《骨与腰椎外科杂志》）。同行评审也很重要，因为它提供了额外的一层相对公正的监督。通常，同行评审是“盲审”，这意味着作者不知道是谁评审了他的文章；有时这是“双盲”，即从文章手稿中删除作者或作者的信息，因此审稿人自己也不知道作者是谁（尽管如此，利益不相关的同行评审人员也不总是完美的：在涉及范围较小的学科中，猜到正在被评审文章的作者是相对容易的，而且如果一名同事显然基于一套不同的、甚至可能相互冲突的假设或价值观进行工作，评审人员在评审他的学术成果时，把自己的偏见放在一边并不容易）。

评审人员被邀请审阅一份手稿后，他们通常会在读完一系列问题后进行回答。这些问题可能包括：

(1) 这篇文章在这本杂志的范围内吗？

(2) 它是原创吗？

(3) 它是否解决了一个重要的研究问题？

(4) 它的方法论合理吗？

(5) 它的结论是根据所提供的数据得出的吗？

(6) 写得清楚且中肯吗？

然后，审稿人通常被要求就原稿是应该出版、应该修改和重新提交，还是应该被拒绝提出建议。编辑会考虑这些意见和建议，并作出最终的出版决定。如果建议修改并重新提交，通常也会要求原审查人员审阅修改后的版本。

近年来，随着开放获取运动的发展和对开放的兴趣的普遍增加，人们对开放同行评审的兴趣也越来越大。开放同行评审是指作者和评审人员相互认识，评审过程在他们之间（甚至通常在公众间）公开进行的各种安排。

最近对传统同行评审安排的另一种变化称为“发表后”同行评审。在这个系统下，文章在经过很少或没有同行评审的情况下被接受并发表，评审在之后进行，并成为关于文章的公共记录的一部分。评审员可能是自选的志愿者，也可能是由作者或期刊出版商邀请的。

通常，同行评审人员的工作没有直接报酬。在大多数情况下，他们是受聘于学术或研究机构的学者和科学家，对他们来说，这种对学术交流生态系统的参与建立了他们的工作期望，并被视为他们职责的一部分。他们在审查他人成果的同时，期望着他人能够在必要的时候这样审查自己的成果。正如人们预想的那样，同行评审的自愿性带来了挑战：不是每个人都同意在被要求时进行评审，更糟糕的是，不是每个同意这样做的人都能及时完成评审，甚至一些人同意之后根本不进行评审。管理同行评审过程是期刊编辑最重要的职责之一，也是最令人沮丧和繁重的任务之一。

“同行评审期刊”一词将贯穿整本书，经常在讨论学术交流时被提起。在大多数学术和科学学科中，在同行评审的期刊上发表论文对学术进步至关重要。但学术图书出版商也采用同行评议的方式，与期刊的方式大致相同。此外，这些出版商经常会利用委员会来审查书籍的出版，并就哪些书应该被接受提供意见。

4.3.2 同行评审的效用

同行评审是有用的——虽然同行评审跟其他人造系统一样，并不完美。近些年来，有关传统同行评审方法的有效性、公平性和其效率的争论愈演愈烈，这些争论催生了越来越多的评审和出版的替代方法。人们似乎对一种基本观点达成了广泛的共识，即科学和学术应该接受公开的严格审查和质量控制，但只有编辑不可能完成所有需要的审查工作，而作者的同行可能是提供反馈意见和控制学术成果质量的最佳人选。但是关于传统同行评审什么是可行的，什么不可行的，以及用一些新方法替代传统同行评审的可取性，人们远没有达成一致意见——并且在那些认为传统同行评审需要被替换的人中，对于如何改进同行评审或者用什么新方法去替代它，并没有达成共识。但是，争论本身就是保证科学能够正常运行的一部分。

然而，值得我们注意的是，即使传统的同行评审系统像预期那样发挥作用，它还是存在着值得批评的地方。毋庸置疑，同行评审使出版周期变长，而且即使在它工作状态良好的时候，其可靠性和有效性也要依赖于该领域评审人员有空闲时间、注意力集中以及客观评审。通常，评审人员都是有经验的著名学者和科学家，这就存在一种风险，即他们作为评审专家可能会排斥创新和新想法。正如很多学者研究结果表明，如果一个人能够证明自己拥有提供有用可靠的评审意见（并能够在截止期限前完成）的能力和意愿时，评审邀请会迅速增加。

4.3.3 同行评审的失灵

同行评议是信任系统的一个例子：如果参与评审的专家如预期那样可以代表他们的身份、所属机构、专业知识，并可以认真履行评审义务时，同行评审才能发挥作用。考虑到每年提交出版的学术论文和书籍的数量巨大，所以在很多情况下这些学术成果会被多个专家评审，这也就不可避免地导致信任滥用的出现。这样的信任滥用情况可能有多种形式。

其中一种形式是，同行评审人员并未表明利益冲突。例如，如果评审人员可能与评审成果所在机构有利润丰厚的咨询联系，这会影响评审人员评审研究质量和成果的方式。另外，如果评审人员参与研究的项目结论与评审文章的结论不同，这也可能造成利益冲突（这取决于评审人员对其项目成果的投资情况）。

同行评议失效也有可能来自科学观念的冲突和不一致。这是一种特别的风险，因为被邀请对特定科学和学术主题的论文进行评议的人可能是与作者在同一领域工作的研究员，并且他们可能与作者存在资源竞争，或者出于与评审论文展示的证据不完全相关的原因，评审人员不同意作者的结论。在评审与自己意见不一致的作者的学术成果时，抛弃自己的偏见通常是很难的，而且这也会影响评审其他人学术成果的客观性。

有时，同行评审的失效非常简单：参与同行评审的专家承诺去评审，但实际上并没有履行。这种问题几乎在所有的学术期刊中都会出现，在“掠夺性”期刊里更值得注意（在第13章我们会详细讨论）。有时候并不是期刊收到了投稿没有将其发至评审专家，而是评审专家收到了不去评审——基本每一家期刊的编辑都能与我们分享出很多评审专家承诺审稿但不去履行这样可恶的案例，一旦这种事情发生，期刊编辑和投稿作者只能等待，有时甚至会长达几年。

当然，即使同行评审机制的所有环节都能正常运行，评审人员也不都是完美的。即使是最公正、用意良好的专家，他们也可能漏掉评审内容的逻辑错误、研究设计问题、抄袭问题或者其他研究本身的内在问题，等等。

总之，毫无疑问，同行评审是一个不完美的机制。它之所以还在学术交流领域中占据着中心位置，并不说明它是绝对完美的，而是因为至今还缺少一个广为接受的可替代的审查鉴定机制。

4.4 成果发表与撤稿

4.4.1 发表期刊选择

学者在决定是否发表自己的研究成果、在什么期刊发表以及怎样发表时会受到很多因素的影响，但最重要的因素是期刊声誉，尤其是对于要申请终身教职的学者而言。学者为了保证自己一直被聘请（以终身教职的形式体现），他们通常需要将自己的成果发表在同行认为是著名且挑剔的期刊上。在备受尊敬的同行评审期刊上发表文章，或者在较大的大学出版社出版书籍，都在向你的同行表明，你的成果已经被你们领域那些了解什么是好学术成果的人严格审查并且认为是有价值的。由于你的学术同行就是对你申请终身教职投票的人（但是他们可能没有时间阅读你的申请材料并且真正审查），因此，在 *Nature* 或 *Lancet* 上发表文章或者在芝加哥大学出版社出版书籍，可能都真实暗示了你有被学术界持续聘请的能力。鉴于上述原因，这样学术“品牌化”是非常重要的，并且它在很大程度上推动了作者的出版选择。

但是，学者当然也会出于其他原因进行交流。我们很难想象，学者在发表成果时不希望自己所写内容被大家阅读，但这种愿望或许和发表在著名期刊上的愿望冲突。虽然像 *Nature* 和 *Lancet* 这样的著名期刊有着广泛的阅读人群，但很多其他期刊——即使是备受推崇的期刊——则没有这么广泛的阅读人群，大多数期刊的阅读群体仅局限在他们的订阅读者，即使订阅者很多，他们的受众普及面还是相对较小。与期刊声誉相比更看重阅读人群数量的学者，可能会将他们的成果发表在允许大众公开访问获取的场所，例如博客、免费的网络出版物和开放获取的期刊（越来越多的出版物凭借自己的努力获得声誉）。值得注意的是，一个学者会根据自己成果的完成目的将不同类型的成果发表在不同的场合：在专业报刊或者个人、专业的博客上发表意见书，在同行评审的期刊上发表研究论文，等等。

另外一种重要的发表（虽然“发表”一词在这里不是很合适）场所是预印本存储库。① 几十年以来，作者已经发现了有很多方式可以在正式发表之前广泛分享自己的初步研究成果，一部分作者是为了公开确定其发现和想法的优先权，另一部分是为了在提交正式出版物之前对其成果进行修改和提炼。在 20 世纪 60 年代，这样的分享形式在某些学科变得普遍，一些学者通过邮件分享他们的研究草案，在第 2 章中，我们提到了一个预印本在线档案库由高能物理领域的美国洛斯阿拉莫斯国家实验室搭建，后来被称为 arXiv②。此后，该服务也开始接受其他定量科学学科，在 2011 年，该服务由康乃尔大学图书馆负责。另一个与 arXiv 很相似的生物领域的预印本服务是 bioRxiv③，建立于 2013 年。虽然这种学术交流不对公众保密，并且任何有兴趣的人都可以完全访问，但在很大程度上公众并没有重视它，这种交流更像是处于同行同事的交流和正式出版之间的一种方式。

机构知识库（IRs）通常包含多个学科各种各样的学术成果，其中一些已经正式出版，有些则没有，当我们谈论到机构知识库这个话题时，我们就进入了“出版”的灰色地带（这里讨论的“出版”跟之前讨论的出版概念就变得模糊）。有关机构知识库的问题我们将会在第 12 章开放存取章节深入探讨。

4.4.2 撤稿及其原因

一篇学术文章在发表之后如果发现文章中有瑕疵就会被撤稿。在一些情况

① http：//www. infotoday. com/searcher/oct00/tomaiuolo&packer. htm.
② http：//arxiv. org.
③ http：//biorxiv. org.

中，文章的瑕疵可能是因为无意识的不正当的学术科研活动——很显然，同行评审的一个主要目的就是在准备发表之前纠正所提交文章的错误，以便给期刊编辑作出拒稿或是让论文作者继续修改的决定提供参考。

然而，即使是世界上最细致认真的同行评审也不可能发现每篇文章中所有的基础瑕疵。尤其当论文的瑕疵不是因为作者注意力不集中或者是不合理的推论造成的，而是故意欺骗的时候，审稿人对瑕疵的发现可能会更加困难。如果研究人员仅仅伪造数据，或者将简单草率的实验歪曲为艰难严谨的实验，那么同行评审过程不太可能发现他的欺骗——毕竟，审稿人员不可能知道在实验室真正发生了什么、不可能完全重复这项研究，也没有办法得到研究所依赖的原始数据。除非有其他的科学家利用相同的方法重复（或无法重复）原始研究的发现或者同实验室的告发者举报，要不然这种问题不会得到解决。近来，有关将原始数据向评审人员或者读者公开的运动在一定程度上帮助解决了这个问题。

所有这些都意味着，正式发表的论文通常不会仅仅因为被发现了瑕疵或者后来的研究结果与之相反而被撤稿。撤稿通常表明，这篇文章出现了很严重或者基础性的问题，这些问题通常被认为与学术或者科学上的造假有关。因此，撤稿要慎重！

当然，学术图书如果发现了数据造假、伪造论述或者是大量剽窃也会从市场上被撤回的。但出于某些原因，在描述书籍时通常不会使用“retraction”一词，而更多是“withdrawn”。

4.4.3 可重复性危机

近年来，“可重复性危机”这一术语被广泛使用，它描述了学术界对很多已发表研究成果有效性的担忧的增加，有时候它也指代“reproducibility crisis”。

研究结果应该是可复制的，这是科学方法的一个特点——也就是说，如果科学研究像我们假定的那样，设计严谨并且认真实施研究流程，那么如果我们每次都在相同的条件下控制相同的变量，我们就可以得出相同（基本上相同）的实验结果。如果已经发表的研究成果通过上述的重复研究流程之后得出相当不同的研究结果，这使人对所发表研究的有效性产生怀疑。

近年来，未达到这项审查要求但发表的文章数量引起了学术界越来越大的担忧。2015 年一篇研究结果发现三个高排名的心理学期刊上发表的文章，大约有 2/3 不能完成复制研究——换句话说，即使对这些文章进行复制研究，他们也可能得不到已发表研究中声称的那些重大研究结果。① 这种现象出现在心理学领域可能并不值得震惊，因为心理学（以及其他社会科学）尝试研究极难度量的或者可能存在争议的内容（例如：情感、态度、想法等）。然而，“硬”科学领域也将会面临着更多的可重复性的审查：发表在 *Nature* 期刊上的一项最新调查结果表明，超过 70%的科学家曾经尝试过重复别人的实验但是失败了，超过 50%的科学家不能重复自己早年间完成的研究，52%的科学家对是否存在着重复研究危机的回答是“存在，而且很严重”。②

有人可能会问，我们现在所面临的科学界重复研究危机是近些年才出现的，还是存在很多年了。要严谨地回答这个问题，我们可能需要进行充分的研究，但是从过去几十年的学术交流的发展情况来看，重复研究危机在近几年来变得更加严重了。一方面，“二战”之后，科学论文的发表量激增。③ 即使这段时间内质量较好的文章与质量较差的文章之间的比例保持不变，但质量较差文章的总量急剧地上升也是一个很重大的问题。

另一方面，在这段时间内，出版期刊的数量也同时激增。④ 由于期刊数量越来越多，所以期刊想要脱颖而出的需求逐渐增加——这就意味着，除了其他方法之外，他们需要发表高影响力的文章。这样就促使人们在接受那些宣扬震惊发现的论文时不再那么挑剔。

毋庸置疑，重复研究危机是一个有争论的事情。有些人认为社会学的重复研究危机证明了社会科学本身并不是科学，另外一些人认为生物医学领域的重复研究问题是很可怕的，因为他们通常不像社会科学那样，他们涉及生死方面的研究（而且需要更多钱）。⑤ 即使人们普遍担心，如果重复研究危机得不到解决会影响

① http：//science. sciencemag. org/content/349/6251/aac4716.

② http：//www. nature. com/news/1-500-scientists-lift-the-lidon-reproducibility-1. 19970？WT mc_id=SFB_NNEWS-1508_RHBox.

③ http：//blogs. nature. com/news/2014/05/global-scientific-output-doubles-every-nine-years. html.

④ https：//www. ncbi. nim. nih. gov/pmc/articles/pmc2909426/.

⑤ http：//www. slate. com/articles/health_and_science/future_tense/2016/04/biomedicine_facing_a_worse_replication_crisis_than_the_one_plaguing_psychology. html.

到公众对科学的信任（这不完全是没有原因的），但还是有很少一部分人认为科学的重复研究危机并不存在。

4.4.4 互联网对学术出版商的影响

在印刷时代，出版商对提交的论文进行审查（通常由一个或多个作者的同事进行一遍审查），再根据对论文的相关性和质量编辑上的评估以及同行评审人员对文章质量和重要性的建议，决定接收还是拒绝该论文。文章一旦被接收，在正式格式化和排版发表之前，它们会被进一步编辑，和其他文章一起安排在期刊的同一期上，然后印刷，进而分发给订阅用户。学术图书出版商通过相同的过程完成和论文出版商差不多的事情，只是书籍出版商得到的最终产品是装订印刷完成的专著或藏书，而不是期刊。期刊和书籍的出版商都不断努力保持自己的品牌优势，并将自己的出版物推销给潜在用户。

在电子时代，实质上出版商不仅需要做他们在印刷时代所做的事情，而且需要做很多并在不断增加的新事情。例如，虽然期刊纸质复印品的需求逐年减少，但在可预见的未来，这些需求并不会减少到零，这一部分是因为一些发达国家一直钟爱期刊的纸质格式，而且（更重要的是）一些发展中国家网络普及率低，以至于无法获取论文的电子格式。这就意味着虽然出版商成为提供电子信息产品的网络实体，但是很多出版商还是处于一种压力之下，这种压力来源于他们仍需要提供纸质出版物产品。

那么，成为一个网络出版商需要承担什么责任？除了选择合适的出版内容和提供编辑服务之外，网络出版商还需要创建和管理一个过去期刊内容的网络存储库（或者外包给一个第三方的机构），支持在网上连续不断地获取期刊内容，遵守政府或者其他资助机构发布的规章制度（这三种在印刷时代都没有涉及），控制文章版本，向公众营销新发表或者再版的文章或者监控黑客和大规模盗版行为，等等。

存档工作是一件特别需要注意的事项。在印刷时代，公众不会期待出版商永久存档已经发表的期刊——书籍绝版或者期刊中的一期会被后来一期迅速取代，出版商一直在更新出版内容。出版商不会成为永久存档机构（社会公众通过这种机构寻求已经出版的内容）——这种服务通常由图书馆提供。但是一旦利用互联网来完成出版工作，读者就会期待能够永远地找到已经出版的内容。

当然，事实上，出版商做这些所有事情并不是意味着每个人都认为他们应该这么做——而是这个事情需要有人去做或是那些需要做的事情应该由出版商来完成。

4.5 学会与学术交流

4.5.1 学会在学术交流中的作用

专业、科学和学术协会（尤其在英国，这些协会统称为“学习社团”，但在本书中为了简明表达一律称为“学会”）对学者和科学家起到了重要的作用，其中学会的一些功能对学术交流有直接的影响。

在上下文中，我们必须了解，对于很多（或不是很多）学者和科学家来说，他们对专业学科的认同感和忠诚度要比他们对工作学术机构更强烈。① 这是可以理解的，例如，你是一位任职于得克萨斯州立大学的研究生物学家，只有你在得克萨斯州立大学工作时你是一个职工，但是在整个职业生涯里你都是一个生物学家。在一定程度上这是正确的，你可能会寻找机会和其他学术机构的生物学家交流、合作、分享。你倾向于和世界上相同学科的同事阅读相同的期刊，参加相同的会议，关注相同的博客，等等。

所有这一切都在解释着为什么学会在几百年前出现，以及为什么它们仍然存在：一个运行良好的学会有助于满足许多学者和科学家工作中的一些强烈需求。

类似于其他组织一样，学会也必须有收入来源来维持他们的工作。其中基本上所有的学会都通过收取会员费来获得收益。然而，为了吸引刚刚从事工作的学者和科学家，学会组建了帮助塑造年轻科学家未来的工作联盟，但是当学会资金紧张时，会员费过低会让学会感觉有压力。

学会第二种收入来源往往是举办一些年会，这种年会也被看作学者与科学家

① Several studies of academic culture have found this to be true for some discussion of them, see Fulton, O. “Which Academic Profession Are You In?” In R. Cuthbert (ed), *Working in Higher Education*, Buckingham: The Open University Press, 1996, pp. 157-169.

互相交流、工作面试和公开的学术成果展示的场所。但是，为了使年轻学者（或者是工作机构提供很少差旅费的学者）参会而降低会议成本，学会将承担很大的压力。

学会第三种常见的收入来源是发行期刊。正如我们在第一章中提及的，早期的学术期刊是学会出版物。学会出版一直是学术交流市场的重要组成部分，它为读者提供了各学科领域的专业学术内容，同时为作者提供了宝贵的场所，让他们的学术成果获得质量认证，并使感兴趣的读者能够看到这些成果。关于学会期刊出版的一件有趣事情是，很多学会使用期刊订阅收入来承担一部分成员的注册费和参会费，使得他们的学会成员能够负担起这两项服务。

4.5.2　学会期刊与商业出版商

虽然很多学会都发行期刊，但是大多数学会并没有专业的出版人员，也不能从规模经济中受益——极少部分的学会发行很多期刊，大部分学会发表一种或者极少种的期刊。这种现实限制了大多数期刊社发行期刊获得收益的潜力，但是这也为有机会获得规模经济以及拥有资本和员工资源的出版商提供了机会。近些年来，一些出版商（主要包括 Wiley，Elsevier，Oxford University Press）开始接触学会出版商，接管他们期刊的发行工作，并且与他们共享收益，这种现象越来越普遍。很多时候，上述这些出版商会自信地向学会承诺收入净增长，而且很大程度上减少学会工作人员的工作量。

像这样的安排对学会来说可能是有很大的益处，但会让期刊订阅者有不好的体验：几乎无一例外，学会将其期刊出售给商业出版商会导致订阅价格大幅上涨。①

① http：//www. nature. com/nature/focus/accessdebate/22. html.

5 版权在学术交流中的作用

5.1 作品版权

5.1.1 无版权作品

并不是所有出版的作品都有版权的。有两大类书面和记录作品没有版权：一类是以前有版权但现在属于公共产业的作品，一类是一直没有版权的作品。

很多类文档并非属于后者，但是一个非常重要的无版权文档的例子是那些由美国政府产生的文档。根据美国版权法规定，"'美国政府的成果'是由美国政府的官员或雇员完成的，是他们个人工作职责的一部分"。① 这一类成果没有版权而是属于公共产业——意味着这类成果可以被公众以自己认为合适的任何方式重复使用。例如：这类成果可以被免费复制和再分配，公众可以在不寻求任何人许可的情况下基于它们来创作衍生作品等。实际上，甚至重新包装并出售政府的成果也是合法的——只要你能找到购买者，因为这些成果在其他地方是可以免费和轻易获取的。这项规则的基本原理就是，因为政府雇员在工作过程中完成的作品完全是在公共的资助下创造和发表的，所以公众应该拥有这些成果并且以他们觉得合适的方式处理它（关于公共资金所资助研究的已发表成果的类似论点将会在第 12 章——开放获取章节中讨论）。

然而，当提及版权和政府文件时，我们需要做出两个很重要的区分。第一个是区分政府雇员完成的成果是其工作职责的一部分还是在业余生活中努力创作出的成果。为了解释这种不同，我们假设，一个在教育局工作的员工，利用早上工

① https://www.law.cornell.edu/uscode/text/17/101.

作时间撰写了一份有关教育政策的备忘录，当月之后被发表在教育局官网上。然后，他在午休时间（这个时候他的角色是市民）给当地报社编辑写了一封反映当地教育董事会工作情况的信件。在这种情况下，他利用早上工作时间完成的备忘录属于政府文件（因为这份文件是在职责范围内完成的），因此员工本人和其他任何人对该作品都没有版权。然而，他午休时写的信件（这份文件既不是工作义务，也不是以教育部员工的身份完成的）不属于政府文件，他本人对这份文件享有版权。

第二个是区分政府雇员和公共雇员——这个区分在学术交流领域中至关重要，因为很多学者和学术研究员在公共院校任职，他们既是成果作者也是公共雇员。此外，他们的工作范围往往相当广泛，他们作为学者所创造的作品经常被认为属于他们的职责范围。例如，一名教职工为所教班级撰写了教学大纲，毫无疑问，这份教学大纲属于他作为学术指导员的职责范围。如果他随后给所在学术领域期刊的编辑写了一封信（即使他是在午休时写的），这封信或许也属于他的工作职责，因为对于大多数教师来说，人们都会期望他们为所在领域的专业和学术交流作出贡献。当然，社会对于大多数教职工的基本工作期望是他们能发表专业的学术论文或者书籍，这些学术成果通常或基本上是在工作时间完成的，并且这些成果更被确定为职责的一部分。

这个事实引起了两个重要的问题：第一，这是不是意味着学术出版物构成了受版权法保护的"职务内作品"？第二，如果教职工在公立机构任职，是不是意味着学术成果是政府文件？

第一个问题的答案通常来说是否定的（在下文可以找到更多的详细讨论）。第二个问题的答案也一定是否定的，因为公共部门和政府部门是不一样的，后者是前者的子集。两者的区分或许有时让人感到迷惑，但是当涉及版权法时，两者的区分是至关重要的。除去太多令人讨厌的细节，我们需要注意（至少在美国），公立的高等教育机构的职工是公共雇员，而不是政府雇员。管理高校职工学术成果的版权规定应该由机构层面制定，这些规定通常与管理私立机构教职员工学术著作权的规定相同。

5.1.2 作品版权归属

在学术交流的背景下，这是一个非常有趣的问题，因为在大多数就业情况下，一个人以雇员身份完成的文字作品或其他创造性作品仍然是雇主的财产。例如，如果你为一家汽车零部件制造商工作，并被指派为你所在部门的新员工编写程序手册，那么即使该手册是你的原创作品，它也通常会被视为受版权保护的“雇佣作品”，并且版权为所在公司持有（在大多数情况下，这种安排应该在你雇佣时签署的雇佣合同中明确说明）。同样的情形适用于公司备忘录、建议书和内部研究报告，以及职责范围内完成的其他文字或创造性作品。

在这方面，学术界有些不同寻常。在学术界，教员通常被期望完成受版权保护的书面文件（学术文章、书籍等），如果这些教员属于终身教职，那么这样的产出很明显是继续雇用的条件：如果你不出版，你将得不到终身职位，甚至是失去你的工作。尽管事实上，各种学术著作看起来都很像“雇佣作品”，但教员原创作品的版权通常归作者所有，尽管它通常是在工作时间中利用机构资源所完成的。

然而，政策情况是相对复杂的。例如，在撰写本书时，哥伦比亚大学仍不主张自身对由个别教员创作的“书籍、专著、文章和类似作品”持有版权，但认为对大学本身正式出版的材料（如“期刊、年鉴、简编、由大学各部门出版的选集和电影”），以及“在学校或系的支持下合作完成的一些作品”有版权——尽管并非全部。① 当教师开发在线课程时，版权问题可能会变得更加复杂，不同的机构以不同的方式解决它们。同样值得注意的是，除了书面作品和课程之外，知识产权还有许多表现形式，在学术界，这些表现形式可能包括授予校园开发的产品和工艺的专利。学术和研究机构声称拥有这些专利的所有权是很常见的。

对教职员工和其他所有雇员来说，最重要的是，在接受一份学术工作之前，要非常仔细地阅读雇佣条款。无论法律赋予作者何种知识产权，雇主通常都有权利去要求作者以放弃部分或全部这些权利作为就业的条件（如果这听起来很奇怪或很不合理，请考虑这样一个事实：尽管我有权去畅所欲言，但我也有权与雇主签订合同，要求我对某些信息保密。同样地，虽然法律允许我以作者的身份拥有原创作品的版权，但是法律也允许我签订合同，要求我将版权转让给我的雇主）。

---

① http：//www. columbia. edu/cu/provost/docs/copyright. html.

5.1.3 作品版权转让

学术作家与小说家、自由撰稿人、新闻记者以及其他作家在很多方面都不同，其中最重要的一点是，他们通常不期望直接从作品的销售中赚钱。产出学术成果是他们每天工作的要求之一，他们为此获得薪水。换句话说，在大多数情况下，他们已经从作品中获得报酬了。他们发表学术成果通常不是为了再次获得报酬，而是为了公开证明其质量，证明他们是有关思想或发现的提出者，推动他们的学科进步，并保住自身的工作。学术作者不仅总是没有从他们为学术和科学期刊撰写的文章中获得报酬，而且事实上，他们为了得到在这些出版物上发表文章的特权而放弃一些东西：他们通常会放弃作品的版权，并将作品完成时法律授予他们的所有专有权移交给出版商。

学术作者愿意这样做似乎有些奇怪，尤其是如果他们免费向期刊出版商提供内容，而后者会反过来出售访问权限——在某些情况下，价格非常高。为什么一个作者会轻易地把能赚钱的原创作品拱手让给商业出版商呢？

事实上，尽管这种情况看起来像是一种放弃，但它实际上是一种交换条件：作者用权利换取服务。作者交给出版商的是版权（或者，在某些情况下，是很有限的出版权），作为交换，作者得到的是编辑和同行评审服务、质量认证、正式发行、存档和其他作者往往非常重视的服务。正如我们在第 2 章中所讨论的那样，学术作者非常关心他们的文章和书籍的发布地点和方式，并且对于大多数学术和科学作者而言，放弃版权可能感觉像是为了升职（可能是获得工作）而将作品在著名期刊或书籍出版商出版所付出的小代价。事实上，作者从一开始就没有合理期望从这篇文章的发表中赚钱，这使得作出决定更加容易（然而，这其中涉及的权衡比这些还要多，其中一些将在解决开放存取问题的章节中进行讨论）。

尤其是对于书籍来说，这种决策的演变可能更复杂一些。虽然学术期刊上文章的作者几乎从未得到过报酬，但书籍的作者往往从书籍的销售中获得稿酬，这可能会影响到专著作者的出版选择。然而，在这种情况下，还要权衡其他方面：对于寻求终身教职的学者来说，让一本书在像 *Basic Books*，*Little* 和 *Brown*（向普通读者推销他们的出版物）这样的商业出版社出版，可能不会像在主要的大学出版社（这向终身教职委员会表明了更高的学术严谨性）出版那样享有声望。当你在商业出版社出版时，稿酬可能会更高，但如果这样做使你看起来可能不像一个严谨的学者，长期的专业成本可能会很高。然而，无论哪种情况，作者通常都会将版权转让给出版商。

5.1.4 无主作品

“无主作品”一词常用来指一直受版权保护，但版权所有者未知的作品。例如，如果一本书是1780年写的，那么它的版权情况是没有争议的：因为它是很久以前写的，我们可以确信它在任何司法管辖范围内都不受版权保护。现在那本书在公共领域。然而，如果一本书是在1930年写的，它可能受版权保护，也可能不受版权保护；不同的法律管辖区有不同的版权条款，并对版权持有人提出不同的续期要求。如果一本书是1990年在美国写的，它肯定一直受版权保护。但是，如果不知道作者是谁，或者作者姓名已知但无法找到，或者作者已经死亡并且不清楚他的版权是否移交给了继承人或受让人，那么这本书就被称为“无主作品”。

无主作品在学术交流上引起了一个特别棘手的问题，因为在许多情况下，广泛自由地复制和重新分发此类作品可能是没有法律障碍的，但是我们又无法完全确定这些障碍是否存在。

现在有几种方法可用于处理无主作品。最简单的方法就是假设作品已经进入公共领域，或者至少版权所有者（如果活着）不会反对其作品被以这种方式对待。然后可能有人自由复制和重新分发作品，等待权利持有人在有任何异议时联系自己。这种方法的一个问题是它在技术上是非法的，即使它对其他权利的现实影响很小。另一个问题是，它假设权利持有人会发现非法使用，因此如果有意愿就能够反对它，这是一个相当大的假设。当然，第三个问题是，如果权利持有人听说了违反使用的情况，理论上他可以起诉侵权人——虽然在无主作品的情况下，这种风险通常会很低。

另一种策略是谨慎行事，并在使用无主作品时认为其所有者拒绝提供重用许可。在这种情况下，人们会限制自己以符合合理使用的方式去使用作品。这种策略的优点在于它可以在道德和法律上轻松地得到保护；缺点是它可能在内容共享时设置了过于高的限制程度。

第三种策略是前两种的折中方法，是在使用时认为作品可以免费获取，但要附加一份肯定的公开声明，表达一个人想要识别和寻找权利持有人的愿望，以及遵守权利持有人或许将要发出的任何删除通知的意愿。人们经常可以在网上看到这种做法的证据，在这种情况下，网站所有者可能会在公告旁边放照片或音频文件，告知大家一些事情“我认为这部作品属于公共领域，但是，如果您是版权所有者，并且希望我将其删除，请联系我”。也许这个策略最著名的例子是 Hathi Trust 在其无主作品项目中的尝试：关于这个项目的进一步讨论，请参阅第 8 章。

5.2 版权保护

5.2.1 版权法的必要性

在历史的长河中出现了很多的法律来规范出版行为，但是现代版权法最明确的来源是英国在 1709 年设立的安妮法案。这项议会法案旨在阻止“印刷商、书商和其他人在未经书籍或作品的作者或所有者同意的情况下打印、再版、出版或者致使打印、再版、出版书籍或作品，这种行为会对作者及其团队造成很大甚至毁灭性的伤害”。① 这项法案设立的基本作用是赋予作者唯一的权利去决定他们的原创作品是否被印刷或再版，以及由谁印刷和再版；作者可以持有这项权利 14 年，如果 14 年过后作者还在世，他可以再享有 14 年的权利，在这个时间段过后，作品就成为公共产业，不再受到版权法的限制。

在宪法批准前，美国版权法开始在州一级出现，但是版权法却是国家层面的法律规定，该文件的第 1 条第 8 款第 8 项赋予国会“保护作者或者发明人在有限时间内对他们各自的作品或者发现享有专利权，并以此来促进科学和实用艺术发展”的权利。② 自从美国颁布了版权法后，如何在作者权利和公共权利之间寻找合适的平衡的争论络绎不绝。由于版权法的明确目的是“促进科学和实用艺术发

① Joyce, C, & Patterson, L. R. “Copyright in 1791: An Essay Concerning the Founders' View of Copyright Power Granted to Congress in Article 1. Section 8, Clause 8 of the U. S Constitution.” *Emory Law Journal* 2003: 52 (909). Available at SSRN: https://ssrn.com/abstract=559145.

② http://www.archives.gov/exhibits/charters/constitution_transcript.html.

展”，因此通过赋予作者对作品更严格的控制权（给作者更多从中获益的机会，从而激励他们完成更多更好的作品），或是通过为公众提供更多分配、重用和扩展成果的机会（给公众更多阅读和完善成果的机会，从而创造自己的新作品），能更好地达到这种目的吗？

有关版权法的争论至今也没有解决，并且从实体领域（在这里，复制和再分配是比较费钱费力的事情）向网络环境（在这里，复制和再分配行为简单并且价格低廉）的信息经济的大规模转变只会使它更复杂。这些争论一直存在说明了事实上并不是所有人都认为我们需要版权法——或者认为版权法至少应该保持现有的配置。例如，即使是那些支持美国版权法的广泛当前配置的人，还是普遍担心某些细节，例如目前法律授予的长期版权保护：自 1998 年起，个人完成的成果保护期限是作者年龄再加 70 年，或者是首次出版之后的 95 年，以两个中先到达的期限为个人成果的保护期限，但是对 1978 年之前出版的成果有不同的规定。总之，版权法的规定很复杂。①

然而，当提及学术交流这个话题时，版权法的合理应用引起广泛的关注。考虑到诸多的学术成果是在公共基金资助下完成的，那么按理来说，成果的版权是属于完成成果的个人，还是属于资助潜在研究的公众？有些人认为即使学术成果是由个人完成的，也不应该把学术成果看作一种商品只让能够支付得起的人使用；从这一视角来看，学术成果应该是所有人的公共资产。相对于研究如何尽可能地让科学和艺术成果被广泛访问和重复使用，我们需要了解什么是促进科学和实用艺术发展的更好方法。根据这一观点，学术交流和商业电影、小说、流行新闻的生产不同，而且受到不同公开访问规则的约束。

支持传统学术版权保护的人认为作者有对其原创作品的重新使用，修改和变更的权利或者至少是有限的控制权，这在人文学术领域中格外重要，因为在人文学科个人解释或者表达风格是非常关键的。② 从这个观点来看，即使作者通常不依赖版权为他们提供直接收入（大部分作者在生产学术成果时都会获得机构工资），他们也仍然有理由期望对原创作品保持一定程度的控制。

当然，有关版权的问题是复杂并且让人烦恼的，而且随着学术交流生态系统

① http://www.copyright.gov/circs/circ01.pdf.

② https://cyber.law.harvard.edu/property/library/moralprimer.html.

本身变得更复杂，这种情况会进一步加剧。有关版权和许可的问题，我们会在开放获取和相关问题的章节中再次讨论。

5.2.2 国际版权保护

5.2.2.1 国际版权法和专利法

世界上并没有所谓的国际版权法和专利法，且各国的知识产权法差别很大，这造成了相当多的麻烦，尤其是考虑到互联网的全球覆盖范围。然而这个答案也是不完整的，因为尽管没有法定的国际版权法，但有一些具有约束力的国际条约来管理包括版权在内的知识产权的处置和保护。世界知识产权组织（WIPO）成立于1967年，是联合国的一个专门机构，负责“在全世界范围内，促进国家间保护知识产权的合作。”① 在撰写本书时，189个国家是世界知识产权组织的成员，该组织管理着26个国际条约。② 虽然这些条约有重要意义，并且对一些国际行为有一定的约束力，但值得注意的是，他们只对参加该组织的国家具有约束力——而且即使在这些国家中，遵守条约条款也远不具有普遍的一致性（当然，各国对法定版权法的遵守情况也是如此）。

最后一点值得强调，谈到国际层面的知识产权保护，有两个重要的变量：各国知识产权法律条款的差异，以及尊重知识产权的文化规范的差异。并不是所有国家，甚至不是所有各种WIPO条约的签署国，都同样认真对待这些条约或本国法律所施加的限制，也不是某个国家内的所有群体都同样认真地遵守版权法。各国对版权的限制不尽相同，不同国家和地区对版权和知识产权的文化态度也大不相同，这些导致国际形势相当混乱。这个混乱只会通过互联网进一步加深，互联网让世界上数十亿人只需点击一下鼠标就能轻易获得如此多的知识财产。在有国际学生团体的大学校园里，很难向来自遥远国家的学生解释，为什么不允许从特定期刊下载5年的内容，将其上传到基于云的存储设备，并将其提供给家乡的朋友和同事，这些国际学生对知识产权的文化理解有很大差异。

---

① http：//www. wipo. int/treaties/en/text. jsp？ fileid=283854#P683059.

② https：//en. wikipediaorg_/wiki/world_intellectual_Property_Organizationtfcite_note-1.

5.2.2.2 英国版权法的适用性

（1）英国版权法如何适用于整个或部分由公共部门所创建的文件？在英国和其他联邦国家，有一套特殊的版权规则，被称为“皇家版权”。这些规则适用于政府及其员工所创建的文档，并且在不同领域之间存在差异。在英国，皇家版权的历史是相对复杂的，而且它在今天的应用同样也是混乱的，但我们可以了解的基本事情是，虽然美国政府文件通常不受版权保护，但在英国，这类文件的版权一般是由君主持有。① 不过值得注意的是，也会有例外，英国政府经常在公开政府的许可下向公众发布有官方版权的作品。但是这并不能改变版权仍然是由君主持有的事实。

（2）英国版权法如何适用于由公共全部或部分出资创办的文件？版权法（如《美国法典》第17篇和英国《1988年版权、设计和专利法》中所体现的）在许多方面都是很复杂的，并且有许多不同的作用，但仅从我们的目的而言，其最重要的特征可以合理归结为一个简单的总结：如果你以作者身份创作了一部原创作品，并用固定的媒介表达出来（把它写在纸上或电脑上，或者用其他一些或多或少具备永久性的方式记录下来），法律就授予你对该作品一系列专有但有限的权利。其中通常包括复制和分发作品（例如，通过出版），展示或传播作品以及创造衍生作品的专有权。

作为版权持有人，你的权利是独有的，这些权利仅属于你自己，除非你选择将其授予他人，并且所授予的权利是有限的，不是绝对拥有权，也并非永久持续——某个时期之后，受版权保护的作品进入公共产业，不再受版权限制。换句话说，虽然你有专有权利去复制和分发你所写的原创文章，但其他人或许可以用特定的方式去复制和分发它，在法律上被称为“合理使用”（在美国）或“公平交易”（在英国）（为了方便，我会从现在开始，将这个概念简称为“合理使用”）。合理使用的细节可能会有点模糊，而且有时在法庭上也会存在争议，但其背后的基本理念是相当完善的：作为版权持有人，你的专有权是有一定界限的，公众有权对你的原创作品做某些可能的事情，尽管这些做法可能在某种程度

① http://web.archive.org/web/20100109114711/；http://www.lexum.umontreal.ca/conf/dac/en/sterling/sterling.html.

上侵犯了你的专有权。有关此主题的更多信息，请参阅下面的内容。

值得注意的是，在美国和英国，你不必以任何正式的方式注册你的作品，以保留其版权。如果你需要，可以进行正式的版权登记，但是只要你把你的想法写下来或以其他方式记录在一个固定的媒介上，你就可以立即拥有你所记录的思想表达的版权。但同样要重点注意的是，思想本身没有版权。这对学术交流有着很大的影响。例如，它意味着如果你发现一种新的化学元素并就此发现写一篇文章，没有你的许可，任何人都无权发表那篇文章。然而，任何得知你发现的新化学元素的人，都可以自由地写下他对于这个发现的理解，并发表，只要他发表的是自己的原创想法。它是一个想法的书面表达，而不是想法本身，那是受版权保护的。

如上所述，作为版权所有者，你的权利的一个特点是你可以将版权（全部或部分）转让给其他人。当学者们把他们的作品作为期刊文章或专著提交出版时，他们常常把版权作为出版条件转让给出版商。还有一些出版商（以及机构和资助方）要求作者向公众发放许可，即向公众转让法律为版权所有者提供的部分或全部特权。我们将在本章后面更深入地讨论这两个问题。

5.2.3 版权保护中的合理使用

合理使用是一种可以导致无休止的争论和假设推测的法律话题，但它的基本原则相对简单：版权所有者的权利是排他的，但不是绝对的——它们是有限的。例如，这意味着，虽然法律授予版权所有者对其作品复制和分配的专有控制权，但并没有赋予他完全控制所有使用方式的权利。在美国和英国的法律中，都明文规定了版权持有人专有特权范围的使用类型，但也规定了允许公众使用的类型。这些例外情况为保护创作者的利益与坚持从中获益的公众的利益之间提供了一定的平衡。

合理使用会导致无休止争论的原因是它的参数有些模糊。以下是合理使用如何被美国版权法定义的：

尽管第 106 和 106A 条规定，版权作品的合理使用，包括例如复制品、唱片的复制或该条规定的任何其他方式，出于批评、评论、新闻报道、教学（包括课堂使用的多份复印件）、学术或研究等目的的使用，并不侵犯版权。在任何特定情况下，确定作品是否被合理使用的因素应包括：

（1）使用的目的和特点，包括这种使用是商业性质的还是非营利性的教育目的。

（2）受版权保护的作品性质。

（3）就版权作品整体而言所使用部分的数量和实质性。

（4）使用对受版权保护作品的潜在市场或价值的影响。

未发表作品本身并不妨碍基于上述所有因素的合理使用。①

重要的是，这个法律条文没有说“这是一份法院将始终认为是公平的使用清单”，相反，它展示了一份在面对特定使用时应考虑的变量清单。他们引导我们问自己一些问题，比如“我考虑复制多少版权作品”以及“我是否出于商业目的使用一份或多份复制品”，关于我们提出的用途是否合理，这些单个问题的答案通常不会给我们一个完全清晰的指示。但综合考虑到一起，它们将帮助我们理清实施设想的使用将会面临多少法律风险。显然，在一些情况下风险最小，但也可能在某些情况下，风险更大。

还应该指出的是，上文关于使用是否合法的四项测试中没有一项是构成合法的关键——一个提出的用途可能不符合任何一项，但仍然是合理的。一个典型的例子是“家庭录制”场景：你拥有一张合法的LP版唱片或CD拷贝，但是你的车里只有一台盒式磁带播放机，你把整张唱片都录在磁带上，这样你开车时就能听到。这个用途可能是对第三项（数量和实质性）的失败测试，因为你正在复制全部版权作品。但是，如果你拥有合法获得的作品副本，而且因为你制作副本的唯一目的是为了方便个人并且不计划把这个副本送给或卖给别人，所以他不用必须从版权所有者那里买专辑副本，那么这种用途会顺利通过所有的测试，它会一直被合理地认为是合理使用。

合理使用的评估取决于考虑使用版权作品的个人。重要的是，合理使用的评估并不取决于版权持有者——人们不用询问版权所有者某种用途是否公平。版权所有者可能认为你提出的使用方法是不公平的，但这种不同意见在法律上是无关紧要的：定义版权所有者和公众的权利和特权的是法律，而不是版权所有者。

在英国法律，“公平交易”的概念大致类似于在美国的“合理使用”，虽然

① http：//www.copyright.gov/title17/92chapl.html#107.

它的因素比“合理使用”更严格——应该注意的是，“公平交易”这个术语在美国法律和英国法律中有不同的含义。

5.2.4 版权保护期限

版权的一个重要限制是它的期限。在美国，所有受版权保护的作品最终都会进入公共领域。根据不同因素，作者（或其受让人）保留作品版权的时间会有很大差异。

在美国，1923年以前出版的所有作品现在都属于公共领域（那时候实行的法律规定初始版权期限为28年，在作品进入公有领域之前可以再延长28年）。1964年以前出版的绝大多数作品现在也属于公共领域，因为当时生效的法律规定了续期，但在28年版权期限结束之前，很少有版权持有者延长版权期限。

然而，法律在1992年和1998年经历了修改。对于1964年至1977年间拥有版权的作品，现在自动延长超过20年的第二个版权期限。因此，1964年至1977年之间的版权作品的版权期限在不需要登记或续期的情况下是95年。①

5.2.5 版权保护与专利保护

版权法和专利法都赋予知识产品的原作者一定的专有权。然而，这两种保护适用于不同类型的知识产品：版权法适用于以某种格式（书面文件、乐谱、原版电影、录音制品等）表达创造性或解释性思想的作品，而专利法适用于原创发明（机器、生产工艺、化学成分等）。

版权和专利授予持有者的特定专有权是不同的。正如上面所讨论的，版权所有者拥有的专有权与对某一想法的特定记录表达的利用有关，因此，如果我持有亚伯拉罕·林肯传记的版权，我就会拥有出版这本书，复制、创造衍生产品等专有权利。但我不拥有这本书的任何组成部分的版权，例如，我不能持有亚伯拉罕·林肯在1861年出生于肯塔基州，或者在开始他的政治生涯之前，他曾担任过律师这些部分事实的版权。但是我的书面讨论只要涉及某种程度的原创思想和解释，这些事实都受版权保护。

专利代表着一种截然不同的知识产权。它赋予专利权所有者对一项发明的独

① http：//www.copyright.gov/circs/circ15.pdf.

家控制权，允许他在有限的时间内阻止他人生产或销售基于该发明的产品。发明可能是某种实体机器，也可能是一种生产工艺，一种原创化合物，或者是某种概念上的或基于过程而不是具体对象的发明。如同版权法一样，每个国家的专利法也不同。

知识产权法的另一个重要应用领域是商标，但对这些问题的讨论超出了本书的范围。

5.3 版权运动

5.3.1 公共版权运动

“公共版权”运动——与“版权”一词有关的一个不太微妙的双关语——起源于自由软件运动，特别是程序员兼活动家理查德·斯托曼的作品（斯托曼坚持使用“免费”软件这个术语，而不是“开放”或“开放源码”软件，他在自己的网站上概述了原因）①。正如斯托曼解释的那样，“公共版权”是一种使程序或其他作品免费的通用方法，并且要求程序的所有修改和扩展版本都是免费的。②虽然公共版权通常在软件领域被提及，但它背后的原理对其他类型的知识产权也有着一定的影响。

在学术交流领域，版权运动最著名的是产生了知识共享许可计划，这是我们下一个问题的主题。

5.3.2 知识共享许可

5.3.2.1 什么是知识共享许可证，它们如何与版权相互影响

知识共享成立于2001年，旨在实现“通过免费的合法途径共享和使用创造力和知识”，其中最著名的是一套知识共享（Creative Commons）版权许可证。③

① https：//www. gnu. org/philosophy/open-source-misses-the-pointen. html.

② https：//www. gnu. org/copyleft/copyleft. html.

③ https：//creativecommons. org/about/.

这些许可证为版权所有者提供了一种方式，表明他们授予公众部分或全部特权，根据版权法的规定，这些特权原本只属于版权所有者。不同的知识共享（CC）许可证授予公众更多或更少的特权。例如，如果作者让他的作品在 CC—BY—NC—ND（知识共享—署名—非商业利用—限制衍生）许可证下开放使用，这意味着任何希望可以自由复制和重新分发作品的人，只要他承认他是原作者（因此有 BY 或“归属”元素）并且出于非商业（NC）目的，都可以这样做。未经作者允许，本许可证也限制衍生作品（ND）的创作。

最自由的知识共享（CC）许可证是 CC BY，它基本上向公众授予版权所有者依法享有的所有特权。根据 CC BY 许可证的规定，任何人都可以基于受版权保护的材料复制，再分发和创建衍生作品，只要将作者归为原作品的创作者。虽然在 CC BY 下许可其作品的作者在技术上仍然是版权所有者，但是，出于所有功能目的，他们已将作品置于公共领域，因此公众现在有权利用它做任何他们想做的事情，就好像它不在版权保护之下（唯一的区别是，CC BY 许可证对重复使用作品的人施加了承认作品原创作者身份的合同义务——当然，如果作者愿意，他可以在将来某个时候撤销 CC 许可证）。

知识共享（CC）还创建了一个工具，通过该工具，作者可以表明他已经将他的作品正式置于公共领域，从而完全将其从版权控制领域中删除。该工具不是技术上的许可证；相反，它是对版权的一种放弃，用符号 CC0 表示。

5.3.2.2 知识共享许可证是否与访问许可证相关

在学术出版界，“许可证”一词，使用方式略有不同，它反映了与版权和版权法的不同类型之间的互动。

在印刷时代，图书馆通过参与相对简单的实践，代表其顾客获取昂贵的学术和科学内容：购买实体文档，并对它们进行组织，使学生和学者能够找到它们，并保护它们以免遗失或松散。这种做法并不一定简单，但从法律和市场的角度来看，它是相对简单的。“第一次销售”这个完善的法律教条是众所周知的，它清楚地表明，一旦图书馆或个人获得了受版权保护的文件的合法副本，这个实体副本就可以被自由共享——只要共享行为不侵犯版权所有者的专有权。因此，举例来说，如果你拥有一本小说的副本，第一销售原则规定你可以把它借给、送给或者把它卖给别人——或者，把它烧掉，扔进垃圾箱，把它切碎变成一个艺术项目，或者把它撕成两半，一半交给你的邻居。所有这些都是对你的知识成果的实体副本的合法且正当的使用。

你或许不能做的（超出合理使用的范围）是创建作品的副本，创建其内容的衍生版本，公开展示，等等。这样的使用方式会超出对你所拥有的实体文档的操作或处理范围，进入你不能操作的领域——书自身的内容。版权法的核心是区分书的实体副本和知识内容。

不幸的是，这种本质区别在网络信息的虚拟世界中变得异常模糊——在这个世界中，当我们谈论文档的所有权时，“所有权”和“文档”这两个术语实际上都应该放在引号中。毕竟，当你买一本电子书时，“拥有”一份“副本”意味着什么？这可能意味着这本书的副本已经作为文本文件下载到你的平板电脑或阅读设备上。在这种情况下，电子书所有权与实体书所有权最为相似——你确实拥有一个作品的“副本”，而且你可以直接控制该副本。

但是，如果你的电子书不存在于你的个人电脑或阅读设备的内存中，而是托管在互联网上呢？在这种情况下，说你已经购买了这本书的副本没有什么意义，还不如说你已经购买了直接访问权。作为购买的回报，本书的所有者和主人给你或多或少的永久权利来阅读在其他地方存放的书的副本——很像你去书店，为一本书付了钱，但没有把书拿回家，而是获取了通过书店窗户看书的永久权利（这听起来可能不是一个很好的安排，除非你考虑到，当涉及电子书时，这样的协议允许你带着成百上千的书的访问权去任何你想去的地方，只要你有互联网）。

在快乐阅读的世界里，只有在线访问能很好地发挥作用，特别是随着越来越多的人能买得起电子书阅读设备，而且其普及程度越来越高。然而，在学术领域，如果没有下载的能力，在线访问通常被认为是不可接受的，学者和科学家通常需要能够归档文章以备将来参考，并且需要在可能没有互联网的时间和地点访问这些文件。因此，学术图书馆通常与出版商进行协商，不仅是为了只读，在线访问文档，而且还有下载和存储它们的能力，并且他们在制度基础上协商这些权利，以便属于该机构的每个人都能够使用讨论中的文件。

然而，在一个系统中，一个有数千人（甚至数万人）拥有有效且无限的下载，复制和重新分发受版权保护内容能力的社区，往往会引起对版权所有者的关注。出于这个原因，对机构访问在线内容的管理条款在许可证中列出，其条款由版权所有者和采购机构协商。

许可证是合同，与所有合同一样，它们规定了各方的权利和义务。例如，典型的访问许可证规定出版商有义务提供已经支付的内容，并及时纠正访问问题（例如服务器故障或身份验证失败）。它也列出了出版商在停业的情况下提供永久持续访问的方式（例如，通过将内容存档到第三方提供商）。相同的许可证将命令图书馆采取一些具体的步骤，以确保未经授权的用户无法访问许可内容，并及时支付每张年度发票。

5.3.3 许可条款的重要性

许可条款比合法权利更重要，如合理使用，该问题非常复杂。合同的本质是其对当事人权利的限制超越了由法律施加的限制。换句话说，合同是一种机制，签订合同的双方同意做法律不要求他们做的事情，或者被限制做法律允许他们做的事情。例如，无论你住在哪里，法律可能允许你穿任何你想要的颜色的衬衫。但是如果你签订了一份有效的雇佣合同，要求你在工作时穿紫色衬衫，那么这个要求就具有法律效力。同样，尽管法律可能提供任何的言论自由权，但法律允许你签订包含保密协议的合同（禁止你与他人谈论合同条款）。在这两种情况下，这些条款具有法律效力，不是因为有法律规定“你必须穿紫色衬衫”或“你不能自由发言”，而是因为法律规定，你必须遵守有效合同的条款（当然，如果合同无效，那么它的条款就没有约束力。确保合同在签署之前是有效的，这是律师的工作之一）。

这个原则同样适用于访问许可和合理使用。虽然法律允许你在合理使用范围内共享受版权保护的文档的副本，但你仍然可以签订有效合同，限制你共享副本。只要合同本身符合法律效力标准，那么其条款对你具有约束力，并且这些条款将一定比法律本身更具限制性——这是合同的全部目的。

综上所述，许可条款和广泛的法律权利之间的紧张关系是图书馆员往往可以敏锐意识到的问题之一，当他们代表他们的校园社区协商访问许可条款时，他们通常会努力组织语言去明确承认合理使用权，并将这些权利纳入许可证以给用户补贴。

5.4 版权侵犯

5.4.1 侵犯版权与剽窃

剽窃和侵犯版权是相关的，因为它们都涉及对他人作品的挪用，然而，两者之间的区别是非常重要的。一方面，一个人可以在不侵犯版权的情况下进行剽窃，一个人也可以在不剽窃的情况下侵犯版权。另一个重要区别是，侵犯版权是非法的，而剽窃则不是。

剽窃就是把别人的作品当作自己的作品来呈现。它可能以大规模的方式（例如，找到别人写的18世纪的书稿，以自己的名义出版，就好像你是作者一样）或以更小、更微妙的方式（例如，将一些他人作品的句子写进自己的原创作品里，而不将该材料归作者所有）。在这两种情况下，你都没有侵犯版权，因为一本18世纪的书稿属于公共领域，而复制和再分配他人作品中的几句话通常被认为是受版权法保护的合理使用，无论你有没有说明所属作者。但在这两种情况下，你都占用了别人的知识成果，并把它呈现给大众，就好像它是你自己的一样，这就是剽窃。

另一方面，版权侵权意味着你就像版权所有者一样对待由他人拥有版权的作品。例如，如果你发现一本2005年写的书稿，并且未经作者许可就出版了，这几乎肯定会构成版权侵权，即便你承认原作者的身份。同样地，如果你从最近的期刊上获取一篇文章，并将其副本分发给电子邮件清单中的3000名成员，或者将其发布到网上供其他人下载，你肯定会违反版权法（除非该文章许可了这种分发和重用——下面会进一步讨论这个话题）。在这两种情况下，你虽然没有假装自己是作者（假装作者是剽窃），但是在这两种情况下，你都侵犯了版权所有者的专有权。

当然，剽窃和侵犯版权可能同时存在。如果你偷了朋友的书稿，以自己的名义出版，你将会在剽窃（把他的作品作为你自己的作品呈现）的同时侵犯他的版权（未经允许出版他的作品）。因此，剽窃和侵犯版权是以一些重要的方式联系在一起的，有时会同时发生，但它们是不同的问题，理解它们之间的区别是非常重要的。

法律上的差异也相当重要，虽然剽窃可能被认为是学术上的“犯罪”，但并没有法律制约它——它只是违反了职业道德和学术伦理。然而，侵犯版权不仅是违法的，而且在特别严重的情况下，可能被视为刑事（有别于民事的）犯罪，并可能被判处监禁。然而，只有侵权行为造成严重且明显的损害时，才能达到这种程度。

5.4.2 盗版者

将侵犯版权的行为，尤其是恶劣或大规模的行为，称为盗版，并将侵权者称为“盗版者”，这种做法有着悠久的历史，这种用法最早可以追溯到1603年，实际上早于现代版权法的建立。① 由于盗版者以偷窃他人财产而闻名，所以用这个词来指代侵犯版权所有人专有权的人就变得很普遍了。

随着20世纪后期互联网的兴起，以及随之而来的版权侵权的容易程度和频率的急剧上升，该术语开始更频繁地出现，特别是在音乐领域。1999年，一个名为Napster的在线音乐服务成立，以促进所谓的“点对点文件共享”——或者换句话说，将文件上传到互联网进行大规模复制和下载。Napster不仅可以让人们创建录音的电子副本，将这些副本放到网上，然后下载其他人制作的音乐副本，也让这些操作更加便捷。由于在这种做法中使用的源文件在很大程度上是受版权保护的歌曲，因此Napster的广泛使用构成了大规模的版权盗用。在接下来的几年中，关于文件“共享”的伦理及其对音乐家和唱片公司命运的影响（如果有的话）的争论十分激烈。Napster最终被美国唱片业成功起诉并于2001年被关闭。② Napster这个名字后来被出售并用作商业在线音乐服务的商标。

在学术交流领域，盗版的概念有着更为复杂的历史。我们将通过研究最近的一些历史，特别是Sci-Hub的案例来结束这一章。

5.4.3 Sci-Hub及其争议

Sci-Hub是亚历山德拉·埃尔巴克彦的心血结晶，在写这本书时，她是俄罗

---

① https：//en. wikipedia_. org/wiki/Copyright_infringement#. 22Piracy. 22.

② https：//en. wikipedia. org/wiki/Napster#Lawsuit.

斯国立研究大学的研究生（根据她的领英页面的介绍）。① 她还曾在乔治亚理工学院和阿尔伯特-路德维格斯大学学习。作为一名学生，她对自己只能有限访问合法授权的学术和科学内容感到沮丧，于是她用黑客攻击的方式通过了许多期刊的访问协议，下载了她需要的文章。根据其中一份有关她的在线简介，随后她发现她的同学们也想要访问这些文章，于是她创建了一个网站，让他们可以免费使用。② 最终，她的网站增加了一个与 LibGen 相似的服务，其内容通过收集匿名捐赠的（以及一些据称被盗的）校园网络密码进行了扩展。据报道，Sci-Hub 现在有超过 5000 万篇文章，其中绝大多数来自订阅期刊，所有这些文章都免费提供给公众。

毫无疑问，对 Sci-Hub 的争议很多且针对多个方面。最明显的争议是与版权有关，没有人会质疑 Sci-Hub 是历史上最大规模的系统性侵犯版权的例子之一，而且毫无疑问，Sci-Hub 的活动是非法的（埃尔巴克彦本人被一家大型科学出版社成功起诉，导致其网站暂时关闭，目前正受到起诉，并被认为藏匿在俄罗斯）。③ 但她的行为究竟是不道德的侵犯版权还是值得称赞的对剥削学术和科学知识的反抗行为（或者在道德上介于两者之间），这是学术和科学界激烈争论的话题。

另一个争议与获取和共享访问凭证的道德规范有关。Sci-Hub 不仅采用黑客攻击通过访问限制，还通过收集校园已被授权访问相关出版物的学者的用户名和密码来复制已发表的论文。一些人指责 Sci-Hub 使用欺骗性的“网络钓鱼”电子邮件从学术界获取信息，而埃尔巴克彦本人并不否认这一指控。④ 无论 Sci-Hub 是否通过欺骗手段获取网络证书，这种做法都会引发非常严重的道德和安全问题。通过与未经授权的人或组织分享他们的网络证书（无论他们的意图或动机如何），学生和教师不仅要接受机构的处罚，而且要面对潜在的身份盗窃。在许多校园中，用于访问许可的信息资源的登录证书还用于访问电子邮件账户、人员记录、税务表、患者数据和其他高度敏感的信息。

---

① https：//www. linkedincom/in/elbakyan.

② http：//www. mhpbooks. com/meet-the-worlds-foremost-pirate-of-academic-research/.

③ http：//www. nytimes. com/2016/03/13/opinion/sunday/should-all-research-papers-be-free. html? _r=0.

④ htps：//svpow. com/2016/02/25/does-sci-hub-phish-for-credentials/.

但这里有一个更大的问题，也许是最具争议的问题：学术和科学出版物只提供给有能力和愿意支付费用的人，或者由图书馆等第三方访问代理服务的人，这在道义上是否可以接受？这不是一个关于学术交流如何运作的问题，而是一个关于学术交流背景下社会公正的问题。有关此问题的更多讨论，请参阅第 12 章。

6 图书馆在学术交流中的作用

6.1 图书馆与学术交流

6.1.1 图书馆的类型

显然，图书馆有许多不同的类型：公共图书馆、企业图书馆、医院图书馆、会员图书馆、学校图书馆和学术图书馆等。不同类型的图书馆有不同的使命，它们都在做着区别很小但又显著不同的事情。然而，由于本书的谈论范畴主要关注于学术交流，所以我们将使用“图书馆”一词来指代高等教育机构的学术图书馆。

虽然我们将讨论范围限制在学术型图书馆，但是我们仍然面临着社区学院、文科学院和综合性大学图书馆（这些图书馆的主要职责是支持校园教学活动），同那些研究密集型大学和机构图书馆（除课堂教学和本科生学习外，还负责支持广泛的先进研究项目）之间的重要差异。一些读者听说“学术型图书馆”和“研究型图书馆”这两个术语或多或少是可以互换使用的，并好奇两者是否存在差别，答案是肯定的——绝大多数的研究型图书馆是学术型图书馆，但是很多学术型图书馆却不是研究型图书馆。然而，这也是我们在这本书中将要回避的一个区别：就我们研究目的而言，“图书馆”一词可以有效地指代教学和研究机构范围内的学术型图书馆。在需要着重讨论这些机构之间的区别时，我们会明确区分这两个概念。

6.1.2 图书馆的职能

图书馆是由其主办机构建立和支持的，用以履行各种职能。而其中最重要的三个职能分别是经纪、存取和管理。

经纪职能是指图书馆代表其主办社区（教师、学生、工作人员）筹集资金的功能，并利用这些资金购买比社区个人能够负担得起的更多、更高质量的信息资源。显然，这些资源包括印刷的书籍和其他实体文档、电子书和期刊、在线数据库和其他信息产品等。此外，图书馆也提供工作空间、各种研究服务以及设备和软件。经纪职能一直是图书馆的核心职能之一。任何学生或教师都不会希望完成学术成果所需的所有信息资源都需要自己支付费用，因此图书馆代表其他学生和教师以自己的名义获取访问权限。历史上，这种安排的好处在于，校园社区可以访问大量的学术内容；缺点是，由于社区的所有成员都共享彼此的访问权限，因此会带来一些不便——尤其是实体文档，它们必须集中存放，一次只能由一个人使用（在大多数情况下，在线文档可以同时供多个人远程使用）。

对整个社区来说，获取内容是经纪职能的目的。通过代表校园社区付费，图书馆使其用户都能访问已购买或被许可的内容。但是，图书馆在确保访问方面的作用不仅仅是协商许可条款和支付访问费用，它还包括确保以能够被找到的方式组织实体文档，并监督已经允许使用的在线文档的持续可用性。这两个访问功能都涉及图书馆正在进行的（有时需要很多人的）工作，其中一些工作将在本章后面部分进行详细讨论。

管理职能与持续的文件保护和保管有关，以确保将来图书馆所服务的社区能够使用文件。图书馆通过监测书籍和其他实物文件的状况，根据实际需要对其进行更换或修复——当空间需要时或者那些文件需要更新版本时，图书馆通过添加或撤销书籍和其他实体文件，把实体资料看作整体进行管理。图书馆通过维护格式标准、提供服务器空间和可靠地存储来管理本地数字化馆藏的在线访问（更多内容见下文）。他们通过监测在线文档的持续可用性，确保合同谈判顺利并得到及时支付，并在因某种原因中断访问时做出快速响应，来管理在线文档的许可访问。

6.1.3 图书馆的服务

实际上人们对于图书馆服务的看法存在着一个很大的误区，即图书馆免费为读者提供服务。这一误区有时是由图书馆员自己引起的，因为他们试图说服更多的人使用图书馆服务，而有时是由图书馆支持者造成的，因为他们试图充当图书馆的支持者和鼓吹者，虽然他们都很真诚但实际上却错误地引导了用户。

当然，现实中没有一个图书馆的所有服务都是免费的。图书馆的用户确实为他们得到的服务付费了——但由于这种付费是间接的（通常是以财产税、学费、学杂费的形式），而且在时间和空间上，这种付费行为都与图书馆服务的体验过程是相分离的，所以这很容易给用户造成一种假象：图书馆是免费提供服务的。换言之，你走进一家图书馆，挑选了五本书，然后带着它们回家，而不需要在这个过程中付钱，这使得整个过程感觉好像是免费的。然而，事实上，这些钱你早就已经付了，只不过它们是间接地从你的口袋跑到了图书馆的预算。

为什么我们要讲到这个问题呢？因为图书馆提供“免费服务”的观点带来了两个相互镜像的风险。首先，它造成了图书馆服务被那些提供资金支持（这对于图书馆的发展至关重要）的赞助商低估的风险，这是经济学中常见的经验规则。我们通常认为我们投资越少的东西，价值也相应越小，仅仅出于这个原因，任何图书馆声称没有人对图书馆及其服务进行投资的做法都是不明智的。

更巧妙的是，声称图书馆提供“免费服务”这种说法是有风险的，因为它根本经不起推敲。任何听到这种说法的人，只要花很短的时间思考一下，都会立即意识到它是错误的，然后可能会开始怀疑图书馆员（及其支持者）所说的其他话是否真实可信。

对于图书馆以及那些希望更好地、更广泛地使用图书馆服务的支持者来说，一种更准确、更有效的表达是：“来看看我们是如何明智、有效地利用您投资给我们的资金的。”

6.1.4 图书馆与档案馆

既然你提到“档案”和“档案馆”有什么区别，这个问题的答案相对简单，但并非完全没有争议：一般来说，档案管理员、图书馆员和其他信息专业人员将特定的档案材料集合称为“档案”，并将存放档案材料的机构称为“档案馆”。除此之外，这种用法还可以区分更传统的档案机构和随着互联网发展被广泛使用的各种在线存储。在本书中我们遵循这一惯例。

第一个问题——图书馆和档案馆之间的区别——有点复杂。图书馆和档案馆在一些方面显然是相似的：它们都收集文件，组织文件，维护文件供机构的服务对象使用。然而，在这些表面的相似性之下，存在着一些根本性差异。这些差异或许可以较好地概括为对访问和保存关注度之间的差距。

虽然图书馆和档案馆都提供了访问和保存功能，但图书馆在平衡这两个关注点时几乎与档案馆相反。对于图书馆来说，访问是最重要的目标：图书馆购买、管理书籍和期刊，并授权访问在线内容，这样用户就可以尽可能多地自由访问所需的内容。图书馆对访问的限制往往是为了满足整个社区的访问需求。例如，您的图书馆可能只允许您续借一次借阅的图书，此策略的目的不是减少您对图书的访问，而是最大化其他用户的访问权限——该限制代表了一种折中方案，旨在尽可能扩大访问权限。同样地，大多数图书馆把他们的馆藏放在可以被公众自由浏览的书架上，甚至是那些没有借书权限的人也能阅览。这种做法以牺牲维护为代价提升了访问效益：未经许可接触图书极大地增加了它们被损坏的风险，但在图书馆，这被认为是一种可接受的风险，因为图书馆的主要目标不是保护图书，而是物尽其用。

然而在档案馆中，保存是最重要的。档案通常附属于各种企业、政治团体（如城镇）和学术团体（如学院和大学）。档案的主要内容通常是体现其附属机构历史的文件和其他文档。它们可能被用于研究，例如被公司历史的撰写者使用，但它们的主要功能是帮助组织继续有效地开展工作（例如，通过提供与其他公司的交易历史或销售历史信息），并遵守监管要求或专业标准。因此，对档案的访问往往受到严格的控制和限制：一个公司的档案将包含许多战略或法律上的敏感信息，所以不是公司中的每个人（更不用说公司外部的人）都可以访问这些信息。公司档案几乎从来都是不可浏览的，对它们的访问往往是以极其间接的方式进行。

综上所述，一座研究型图书馆的“特色馆藏”领域就代表着图书馆和档案馆功能之间的某种结合点。

6.1.5 图书馆对学术交流生态系统的改善

在21世纪，图书馆通过参与和倡导开放存取（OA）来努力改善学术交流生态系统，但图书馆员也（继续）积极地参与其他方式。其中包括以下内容：

1. 担任出版商的顾问

虽然这种服务在业内可能引起争议（有些成员认为这有点像帮助和安慰对手），但许多图书馆员担任出版商的顾问。支持和反对这样做的论点都相当明显：一方面，我们为什么要帮助出版商（特别是营利性商业出版商）找出如何赚取我们更多钱的方法？另一方面，除非我们计划完全停止购买他们的产品——至少有些图书管理员认为这是个好主意——为什么不帮助出版商改进他们的产品，帮助他们更好地应对图书馆面临的挑战和问题？归根结底，决定是否担任顾问是一个战略和良心的问题。这也可能是一个政策问题：一些图书馆及其校方为了最大限度地减少利益冲突，对参与外部公司的咨询委员会制定了非常严格的规则，其他图书馆可能允许图书馆员参与，但不允许他们接受酬金，或让公司支付董事会议的差旅费，甚至支付餐费。

2. 对学术交流相关问题进行研究并发表原著

图书馆员（无论作为个人还是团体）经常为学术交流生态系统的学术研究作出贡献。有数百家学术期刊和新闻刊物专门致力于图书馆管理和学术出版的实践活动，图书馆员定期在这些刊物和其他刊物出版研究报告、论文和评论。图书馆组织（特别是研究图书馆协会，也包括许多其他组织）也对生态系统进行各种分析，追踪图书馆资金、藏书规模、不同出版材料的支出、出版界的发展，等等，然后将分析结果（通常是免费，但并非每次都是）分发给该生态系统的其他成员。

3. 促进出版和报告标准的发展和传播

在这里，我们正在某种程度上陷入学术交流动荡的困境中，但是标准——通常情况下或理想情况下，对社区的许多成员来说是透明的——可以对学者和科学家的生活产生很大的影响。例如，图书馆员在2003年帮助建立了网络电子资源的在线使用计数（COUNTER）标准。该标准编写了期刊、数据库、电子书和参考资料等在线资源的使用报告系统。① 由于图书馆关于更新或取消这些资源的决定基本上是基于使用数据的，因此COUNTER是一个标准的例子，它对正在工作的研究人员的体验有直接影响。数百个图书馆和图书馆组织都是国家信息标准组织（NISO）的图书馆标准联盟的成员，在该联盟中，他们有能力帮助制定由图

---

① http：//www. projectcounter. org.

书馆、出版商和学术交流界的其他信息创建者和提供者应用的标准。① 当然，你可能要感谢，抑或诅咒那些图书馆员，是他们维护了排号的标准系统，该系统会告诉你在当地图书馆的哪个书架位上可以找到书。

4. 为更广泛、更自由地获取学术信息而努力

尽管开放获取运动在许多方面存在争议（关于这个重要主题的复杂性，详见第12章），但毫无疑问，它代表了图书馆和许多其他机构正在努力改善学术交流生态系统的一种重要方式。这一运动背后的基本理念是每个人都可以免费自由地访问学术出版物。科学学科中的期刊和数据库订阅可能要花费数千美元——在某些情况下甚至是数万美元。由于期刊价格的持续上涨和图书馆预算限制，那些不能访问研究图书馆的读者通常无法自己购买这些出版物，甚至那些可以访问研究图书馆的读者也往往无法获得他们想要的出版物。通过支持和帮助实行一些可以使所有人免费阅读和再利用学术知识的项目和政策，图书馆试图代表自己的用户和其他人克服这些障碍。

6.2 图书馆的馆藏

6.2.1 馆藏的建立与管理

一直以来，图书馆的核心重要职责之一是选购馆藏的图书和期刊，并随后对馆藏进行管理——这一过程包括由于课程和研究需求的变更，以及预算和可用空间的需要而对材料选择和撤回。只要学术图书馆存在，馆藏发展作为图书馆学的分支学科，一直是该专业的基础要素之一。

当然，当决定哪些书籍和期刊将成为馆藏的一部分时，图书馆员一直以来并没有脱离实际情况，他们会号召教师和学生提供意见，并且在一些学术机构，实际上是教师自己为图书馆馆藏选择书籍，图书馆为此也有专项预算分拨给他们（这种模式在规模较小的文理学院比在规模较大的综合型或研究型大学更为常见）。

一般来说，馆藏建设主要聚焦在三个基本的战略工具上：确定订单、纲目订

① http：//www. niso. org/about/join/alliance.

书和订阅。下文我们将依次讨论这三个工具。

确定订单是图书馆馆藏发展的基石。它指的是对书的简单订购，无论是由图书管理员挑选还是读者建议购买。为了满足对某本书的需求，图书馆联系出版商或第三方供应商，下单购买。这被称为“确定订单”，因为它代表了图书馆明确订购这本书的意图，并将其永久地收入馆藏中。

纲目订书以非常不同的方式运行，它是图书馆与第三方图书供应商（或“批发商”）合作，创建图书馆收藏优先顺序的详细简介。该简介将明确出版商、图书馆特别感兴趣的主题领域以及不感兴趣的主题领域。它将进一步确定有时被称为“非主题参数”的限制机制。例如，图书馆可能会在订书纲目中对修订版、论文集或会议论文集作出限制（这并不一定意味着图书馆对购买此类书籍没有兴趣，只是图书馆不想主动接收它们）。当供应商有一批准备装运的新书时，它会根据图书馆的书目简介对它们进行筛选，并自动发送符合图书馆确定的标准的图书，发送图书馆确定的兴趣范围之外的图书通知，并且不发送或通知图书馆那些被书目简介排除在考虑范围之外的图书。这种方式被称为“纲目订书”，因为它们像最初设立时那样，提供自动装运已批准的图书：图书馆客户在收到图书后会检查这些图书，保留他们想要购买的图书，并将剩余的图书返还给供应商（但是，随着时间的推移，大多数图书馆的订书纲目已经逐步精确，他们不再需要返回任何这些自动发送的书籍）。

订阅是获取期刊上发表的学术内容的常用方法：订阅图书馆在每个订阅年的年初支付费用，然后接收该年出版的期刊的每一期。与订阅密切相关的是定期付款订书，它是对图书出版商（或批发商）的一个指令，即在特定主题范围内出版的所有图书都应自动发送到图书馆（“全款订书”不太常见，图书馆通过它指示供应商发送特定出版商出版的每本书）。

馆藏发展对传统图书馆的身份认同和价值主张的核心重要性再怎么说也不为过。实际上，藏书的概念本质上是与图书馆的概念紧密相连的——这两个术语在某种程度上一直是同义的。图书馆之所以有价值，主要是因为它提供了读者无法获得的学术文件（如果没有图书馆），并通过组织、存放和管理这些文件，以及提供帮助用户找到相应资源的方法并决定使用哪些资源，使这些文件能被他人使用。对于人们来说，图书馆没有馆藏——一个小心且专业建造的、大力审查的、持续被组织的、严格妥善管理的馆藏——就好比医院没有医疗设备或餐馆没有食物一样荒谬。

然而，互联网的出现带来的一个更重要和更具破坏性的变化是它为各种文档创建的可发现性大大提高。元数据（其中的库目录及其描述性记录代表一种类型）和全文搜索功能的结合使得在线文档现在可以以一代人以前闻所未闻的方式被查找。那些在20世纪80年代之前长大上学的人会回忆起，在过去，在图书馆里找到一本书的唯一方法就是在实体卡片目录中查找它。对于馆藏的每本书，图书馆目录都有多张卡片：一张标题在顶部的卡片（后面跟着完整的书目信息），一张作者名字在顶部的卡片，然后多张主题词在顶部的卡片。这些卡片都是按照卡片顶部的书目元素的字母顺序归档的。因此，如果你在找一本彼得·西格(Pete Seeger)写的《如何演奏五弦班卓琴》，你可以在目录中找到它，方法是：在“西格，皮特”下面查找，或者查找标题“如何演奏五弦班卓琴”，或者查找主题标题“班卓琴—方法—自学”，或者“民俗音乐—美国”。每一张卡片都会显示图书本身的索书号码，这样你就可以在书库的书架上找到书籍的副本。虽然我们中的许多人（尤其是图书管理员）会怀念回忆卡片目录的日子，但事实是，这种系统是有很大弊端的，它使访问学术文档成为可能，但同时也令人困惑、费时和沮丧（现在图书馆目录几乎普遍是在线的，其中许多（但不是全部）卡片目录搜索的困难已经被消除）。

此外，在互联网时代之前，人们不仅很难获取已知存在的书籍，而且甚至很难了解它们的存在。人们主要通过报纸和杂志上的广告（没有电子邮件营销，没有亚马逊，没有拼趣网）或口口相传了解新书的出版。这意味着发现和获取之间的联系非常紧密，而且两者往往都发生在图书馆。换句话说，如果有人想知道“有没有一本关于班卓琴演奏的书”？他通常会尝试查找当地图书馆的目录或咨询图书馆员来回答这个问题。如果有人已经知道有这样一本书，并且想知道是否可以得到副本，那么得到这个答案的策略实际上与上面的是相同的。

但是互联网彻底改变了这两种策略。现在，“有没有一本关于班卓琴演奏的书”这个问题可以通过最容易和最有效的方式回答，即在谷歌或亚马逊进行快速地关键字搜索。一旦确定这本书存在，对于“《如何演奏五弦班卓琴》这本书现在对我来说是否很容易找到”这个问题，最好的方法是求助于当地的图书馆目录。这给我们带来了图书馆馆藏发展专业历史上最具革命性的变化：需求驱动（或用户驱动）获得的发明。

6.2.2 特色馆藏与普通馆藏

典型的学术图书馆是两种非常不同的图书馆，尽管它们位于同一屋檐下并在同一组织结构内。由于这种组织安排，它们之间的根本区别并不总是显而易见的——但是这些区别是巨大且重要的。

图书馆的普通馆藏——也可以称为“流通馆藏”“主要馆藏”，有时甚至是“商品馆藏”——主要由书籍和其他相对常见也没有较高价值的文件组成（此价值即货币价值）。这些书籍、录音和其他资源通常是任何人都可以在书店或网上购买到的文档类型，有小说和非小说类作品、学术专著、光盘、地图、期刊等。它们之所以被选择获取和保留，不是因为它们需要特殊的保护和管理，而是用来满足学校的教学和研究需要，并且当以实体形式呈现时，它们通常被保存在开放书架上（即位于图书馆公共区域的书架，任何人都可以进来浏览），因为使它们向公众开放所涉及的风险相对较低。如果其中一份文件丢失或被盗，通常能以最低成本进行更换，如果其中一份文件损坏且不易更换，则可以在不影响文件价值和实用性的情况下进行修复。普通馆藏中的材料有一个非常重要的共同特征，那就是它们的价值主要在于它们被当作容器而不是对象——换句话说，它们之所以重要是因为它们包含的信息，而不是因为它们作为实体制品具有任何特殊的价值。再换言之，如果图书馆丢失了约翰·斯坦贝克的《伊甸园之东》2005年版的副本，那么损失不太可能是重大的，因为找到并购买该特定印刷版的替代品相对容易——如果该版本已经绝版，那么另一版本也同样可以很好地满足图书馆的需求。那么，这些就是我们可能称之为“商品文档”的文档——这些文档对图书馆及其用户来说主要具有实用价值。作为一个整体，商品馆藏极其重要（事实上，它可以说是图书馆价值主张的核心），但商品馆藏中的单一文档本身通常不具有巨大的货币价值或意义。

图书馆的特色馆藏在绝大多数方面代表着普通馆藏的近似镜像，而普通馆藏中的文件往往是批量生产的，并可在标准零售市场购买。那些特色馆藏中的文件往往是罕见的，有时是唯一的，并在专门的市场买卖。如果一本商品书的价值主要在于它的知识内容，那么一本特色藏书的主要价值往往在于它作为一件艺术品的重要性——这意味着它很可能是不可替代的，如果它被损坏了，修复它实际上可能会对它的价值产生负面影响。因此，特色馆藏里的书通常锁在屋内（有时放在控制温度的地下室里），并且对它们的访问受到非常仔细的监督和管理。例如，J. R. R. 托尔金签发的《指环王》第一版，尽管这本书的文本——它的知识内容——可能与任何其他第一版的文本完全相同，但事实上，这本书是签发的第一版，这使得这本书变得稀有且价值极高，可能值数千美元。任何图书馆都不会故意将这样一本书放在开放书架上，因为丢失的风险很高。如果那本书丢了，找到替代品是昂贵且困难的。

在许多图书馆的特色馆藏中，也有一些很独特的材料，如手写原稿、只有一份副本的磁带录音、原始图片，等等。这些物品无论在知识内容上还是作为独特而不可替代的实物的属性上都是非常有价值的，它们会受到相应的对待，对它们的访问也会受到非常严格的控制。

对于稀有且独特的材料，数字化前景和数字馆藏的发展尤为重要。例如，犹他大学的 J. Willard Marriott 图书馆收藏了 19 世纪摩门教先驱者手写的日记，这些人是沿着陆路向西来的。这些日记在它们所包含的信息（直接参与西部移民的美国人的故事和回忆）以及它们作为美国历史上一个重要时期的物质遗存的独特性方面都是很有价值的。然而，由于其脆弱性和独特性，要使这些文件能够被更多人实际接触是不可能的，现代技术可帮助图书馆将这些日记中的知识内容免费提供给任何联网的人——而这正是图书馆目前正在做的。[①] 换句话说，现代数字技术允许图书馆创建商品文档（易替换的数字藏本）。这在过去的十年里才变得广泛可行，给学术界带来巨大的潜在影响。

6.2.3 图书馆对馆藏的限制

6.2.3.1 为什么图书馆会限制对其馆藏中的公共领域材料的访问或重用

那些经常接触科研图书馆特殊馆藏的研究人员会注意到，许多这样的图书馆

① https：//collections. libutahedu/details？ id = 10819848q = % o2A&page = 2&rows = 25&fd = title_t%2Csetname-_s%2Ctypet&gallery = 0&facet_setname_s = uu_awm#t_1081984.

对馆藏中稀有和独特文档的重用都有限制。这些限制可能以“允许公开”文件的形式展现，研究人员在获得访问权限之前需要签署这份文件，其条款要求研究人员在转载相关文档之前或（在某些情况下）引用之前请求许可。一些允许公开的文档要求研究者告知图书馆——施引文献将在哪里发表。

这种做法在图书馆引起的争议越来越大。① 在某些情况下，这是很合乎情理的，例如捐赠者捐给图书馆一套个人日记，明确声明不得公开。在这种情况下，图书馆有正当理由且有义务主动通知研究人员，这些日记的内容不能被公开。但是，如果文件不受到捐助者任何形式的限制且属于公共领域，则更难去评判限制用户重复使用文件的合理性。然而，抛弃这种长期性的做法是很困难的，尤其是当它们为图书馆创造收益时（通过征收重用费）。

在网络领域，这种限制可能被实施地更为机械，例如在数字化照片中插入虚拟水印（并且仅在请求或支付费用后方可去除），或使文档在网上可见但不可下载，或仅在网上提供缩略版本。

有必要提及的是，在对所需珍稀文档的电子版收取“恢复费”与对电子版内容的重用或对实体文档的引用收取“使用费”之间存在哲学上的显著差异。在前一种情况下，图书馆将得到补偿，否则将支付不起提供服务的成本；在后一种情况下，图书馆将有权向顾客收取内容提供费。

值得注意的是，在施加此类限制时，图书馆通常在其合法权利范围内表现良好。照片可能属于公共领域，但这并不意味着图书馆有义务共享其拥有的照片。这里的问题不属于法律权利，而是职业道德问题：图书馆限制公共领域文档的再利用是否合乎道德？图书馆员对于应该如何回答这个问题并未达成广泛的共识。

6.2.3.2 为什么学校图书馆一般不为学生提供教科书

这是一个近年来变得更加复杂和令人担忧的问题。

首先，应该注意的是，图书馆在教科书方面的做法因地制宜。在一些国家，大学图书馆收集教科书并提供给学生使用是相当普遍的。然而，在美国，学术图书馆通常不保存教科书馆藏。不过这条规则也有例外，例如，北卡罗来纳州立大

① http：//j. libraryjournal. com/2014/08/opinion/peer-to-peer-review/asserting-rights-we-dont-have-libraries-and-permission-to-publish-peer-to-peer-review/.

学图书馆与当地的校园书店合作，每学期至少获取“所有所需课本的一份副本留作备用”。① 但在美国，这种例外很少，是什么原因呢？

下面有几种可能的解释。一是贯穿高等教育史，教科书（同一般书籍一样）都是以印刷版的形式出版的。在一个综合型或研究密集型的大学里，维护所有所需教科书馆藏的后勤工作将是巨大的挑战，不仅需要为教科书馆藏提供大量的书架空间，还需要确保该空间的安全（以防道德缺失学生的偷窃行为），并且需要在每个学期或教学周期对课程内容、阅读清单和现有教科书馆藏进行全面统计。在每学期期末，图书馆将不得不剔除过时课本并增加新的课本——这一过程需要或多或少地与教师进行持续交流，客观来讲，教师在回应其采用的课程教材方面并不总是及时的，后勤方面的挑战显而易见。

尽管存储和管理所有教材馆藏的后勤问题在某种程度上解释了大多数学术图书馆不愿意提供这样的服务的原因，另一个解释纯粹是这项服务所需的费用问题。课程教材往往比其他学术图书更昂贵；在某些学科中，课程教材花费几百美元并不罕见。在一个拥有数万名学生和数百门课程的大学校园里（其中许多课程分多个部分授课，每个部分采用不同的课本），一个全面的教材馆藏成本很容易达到数十万美元，另外每学期还要花费成千上万美元对教材进行更新。鉴于大多数学术图书馆预算紧张，以及对这些预算的其他要求过多，至少可以说维护一个全面的教科书馆藏在财政上是具有挑战性的。

第三种解释是文化问题。在美国，学生购买课本的个人复印件只是一个很好的传统，而学校将支付补充性研究材料的费用，并通过图书馆提供这些材料。当面对图书馆提供教科书的需求时，图书馆员常常只是回答说：“那不是我们的工作。”这种反应有时仅仅是反射性的，有时是经过深思与战略考量的，但这种传统的文化层面不应被忽视。

鉴于教科书越来越多地以电子形式提供访问（即使不考虑金融或文化方面的挑战，这也大大减轻了图书馆的后勤挑战），并且随着图书馆越来越多地寻找与客户相关并对其有用的新方法，提供教科书的可能性再次出现于专业讨论。然而，许多图书馆员认为解决昂贵教科书问题的办法不是作为获取昂贵教科书的中

① https：//www. lib. ncsu. edu/textbookservice/.

介，而是促进开放教育资源（OERs）的发展和提供。① OERs 通常是（但不总是）一些可免费使用的为课程开发的教科书或其他线上资源。有时，它们是利用拨款或其他补贴开发的，允许作者在从事此项工作中获得直接的经济收入（代替他从传统教科书的销售中获得的版税），有时它们会自愿被那些热爱某一主题、致力于免费获取学术信息的人开发。除了创建 OER 所带来的挑战外，还有一个挑战是说服教师采用它们——学术界倾向于强烈保护他们在教学中使用哪些材料的决定权，并抵制采用指定资源的制度压力，即使相比之下学生更能负担得起这些指定资源。在撰写本书时，OERs 在学术交流生态系统中仍然是一个比较新的发展趋势，其能在多大程度上取代传统课本仍有待观察——虽然在采用量能够达到相当比重的情况下其颠覆性潜力不容小觑。

6.3 图书馆的需求驱动采购

6.3.1 需求驱动采购的含义

互联网的出现改变了学术型图书馆的馆藏策略，这种改变主要体现在两个基本方面：一是允许在线发现以及消费学术内容，二是使图书馆能够向其读者提供尚未购买的图书，当读者想要使用这些书时，图书馆则立即购买这些书，而不需要明显的中介商。这个系统有时被称为读者驱动采购，但目前越来越多地被称为需求驱动采购（DDA）。

整个需求驱动采购系统的运作流程是：出版商或更常见的是第三方图书供应商为电子图书提供电子目录记录，这些电子图书可供读者使用，但图书馆尚未购买。因为任何时候电子图书资源的数量远比图书馆可以购买的资源数量多得多，而且由于许多可用的电子图书不属于某个学术图书馆的收藏范围，所以某种过滤或简介通常会应用于可用的电子图书领域，从而限制了提供给图书馆的包含在目录中的记录数量。然而，这批记录可能包括成千上万个书目——比图书馆能够购买或希望购买的书目还要多。这些书可以在图书馆目录中找到，并寻找那些认为

① https：//www. oercommons. org.

这些书与图书馆之前购买的电子书没有什么不同的用户；用户能使用更大的藏书量，而不仅仅是由图书馆员挑选和购买的书目组成的藏书。

当用户遇到需求驱动采购的电子书时，根据供应商的不同，会以不同的方式进行购买。在某些情况下，达到一定使用次数时将触发图书馆购买，例如，图书馆用户第一次或第二次查阅图书，不收取费用，但在第三次使用时，图书馆按图书价格收取费用，随后成为图书馆永久馆藏的一部分。有些模型区分不同的使用类型，允许不限次数地预览，但当用户在页面之间导航多次或打印部分书籍时，会触发购买。还有一些模型使用“微收费”触发最终的购买：电子书的第一次和第二次使用（无论是哪种类型或持续时间）可能收取相当于该书总价 10%的费用，第三次使用则触发全价销售，此时该书将永久成为图书馆藏书的一部分，之后不再收取费用。

细心的读者会注意到，DDA 模式完全颠覆了传统的图书馆馆藏建设模式：和传统图书馆员为满足当地的研究和教学需要而选择和整理馆藏材料不同的是，DDA 将一份更大、更不具选择性的图书清单放在图书馆的读者面前，最终只保留那些实际使用的图书（在大多数 DDA 程序中，电子书记录会定期地循环进出图书馆目录，但不经常使用，最终，未使用的书目会被新的书目取代）。

值得注意的是，DDA 并不要求图书馆的读者选择书籍，也不要求他们对图书馆应该和不应该获得的内容作出深思熟虑或有意识的选择。它不会把用户变成图书馆员。DDA 模型只是满足图书馆读者在进行实际学术工作时的需要。理想情况下，他们根本不知道 DDA 模型的内部工作——他们只是做自己的工作，如果他们发现由于采用了 DDA 模式，他们的图书馆体验有任何不同，那么他们也只会体验到，这里的电子书馆藏比他们另外可以访问的要大许多。

6.3.2 需求驱动采购的利弊

出于许多原因，需求驱动采购（DDA）在图书馆员中是一种有争议的模式，大多数读者对此并不感到奇怪。

一方面，尽管 DDA 在技术上并没有将读者转变为图书馆员，也没有主动或有意地要求他们建设图书馆馆藏，但它确实给了读者前所未有的对馆藏建设的控制权，即使他们或许在没有意识到的情况下行使了这种权利。DDA 确实在很大程度上削弱了图书馆员对馆藏的控制权，不可避免的结果是，与完全由图书馆员建设的馆藏相比，这种模式下的馆藏缺乏更仔细的建设，也更不系统，更不连贯。这很容易理解，一个受过训练、经验丰富、充满让他进入馆藏发展子学科的激情的图书馆员可能会反对——不仅是从图书馆员的个人角度来看（“如果由读者选择图书，那么我的工作是什么?”），而且从原则性角度来看，一个连贯和精心建设的馆藏比一个由读者一时兴起建设的馆藏更可取。

另一方面，人们可能首先会问为什么学术图书馆会存在。它的主要目的是打造杰出的馆藏，还是支持主办机构的教学和研究？如果是后者，那么重要的是要将馆藏视为一种手段而不是一个结果——如果一个相对不连贯、缺乏精心制作的馆藏是由当地学者的真实作品打造的，那么它实际上更好地实现了其功能。可以肯定的是，有一个论点认为，一个不能满足这些学者真实需要的馆藏在一定程度上是失败的，即使它在传统图书馆学的标准下是优秀的。

DDA 模式的另一个风险是预算有可能以不受控制和不可持续的方式支出。如果你在预算年度初期把价值 50 万美元的电子书放在用户面前，他们的使用在第一个月就产生了 20 万美元的购买额，那会怎么样？下文我们会继续讨论这个问题。

6.3.3 需求驱动采购的预算

对需求驱动采购（DDA）最常见的担忧是由这样一个事实引起的：当涉及电子图书预算时，它把图书馆的用户放在了驾驶员的位置上：他们使用的书越多，图书馆的花费就越多；使用的越少，图书馆的花费就越少。这怎么可能是可持续的，特别是在一个资源非常有限（而且经常萎缩）的环境中？

这个问题的答案的第一部分与简介构建有关。没有一个图书馆的 DDA 计划提供了对所有可用电子书的访问。相反，书目通常根据自身类型（是学术性的还是流行性的）、出版商、主题等因素在一定程度上进行筛选。这一筛选过程限制了在 DDA 基础上可被发现和购买的图书数量，从而限制了由于读者的研究行为而分配给这些图书的资金量。

当然，由于 DDA 有一个核心特征，即它提供的内容比传统图书馆采购所能提供的内容多得多，因此即使是一系列经过选择的电子书也远比图书馆能负担得起的书目数量更多，这意味着建立一个简介仅仅表示 DDA 环境中预算管理过程的开始，而不是结束。图书馆通常会持续进行某种形式的风险池管理，这只意味着管理可供使用的图书数量。通过监控资金流入 DDA，图书馆工作人员可以看到资金流是否可持续：资金是否在年底前花费完，是否整个年度的预算将在下一季度内花费完？等等。如果资金消耗得太快，减少可用书籍的数量会降低支出；如果钱花得太慢，增加可用书籍将有助于加快支出。

风险池管理也可以在学科层面进行。如果图书馆出于某种原因在一个学科领域发现了异常的采购模式，并且认为这些模式代表了某种异常（而不是该领域异常高需求的真实反映），那么图书馆可以在工作人员调查的时候暂时移除该区域的所有书目。

综上所述，这种方法往往会破坏图书馆藏书的连贯性和稳定性——藏书毫无征兆地出现和消失，而且在一个主题领域的出现频率可能比在另一个主题领域更高。此外，使用 DDA 系统的图书馆，除了读者的当前需求和兴趣之外，不能保证根据任何策略、逻辑和原因，将书籍添加到永久馆藏中，这些都是图书馆必须考虑和衡量的不利因素。相对于为用户提供更多的可用内容，减少用于将不会被使用的书籍的经费，以及建立更准确地反映图书馆客户当前需求和兴趣的馆藏等优点。

6.3.4　出版商与需求驱动采购

正如人们所料，对于出版商来说，尤其是那些专注于有相对较小和专业观众的学术作品的出版商，DDA 有利也有弊。

一方面，当图书馆将更大的图书选择权放在读者面前，而不是自己提前购买时，这就给了小众出版商更多的机会让其产品呈现在潜在读者面前（在 DDA 模式下，他们可以通过使用那些书创造实际的销售）。DDA 为图书馆提供了一种机制，可以极大地拓宽供用户使用的书目的范围，这对小众和专业出版商来说有直接的好处。

另一方面，图书馆在使用这些书之前不实际支付图书费用，这也使小众出版商处于潜在的劣势。在过去，图书馆可能购买一本主题相对模糊的书，因为这本书质量很高并且与机构需求的主题相关（但可能很少或从未使用过），当该书通过DDA计划在目录中以供使用时间内，很可能不会被读者使用，导致出版商失去了原本在过去可能有的销售额。

这种复杂性指出了围绕DDA的一个重要哲学难题：相关性和有用性应该在多大程度上推动图书馆采购？关于学术质量呢？如果越来越多的图书馆实施采购计划，奖励学术出版商出版立即有用的书籍，那么在那些不明显相关和有用的学科和分支学科工作的学者们会怎么样呢？未来，当我们讨论大学出版社出版的挑战和机遇时，我们还将不可避免地遇到这些难题。

6.3.5 需求驱动采购与印刷型图书

显然，DDA之所以出现在电子图书采购的背景下，是因为它在网络领域是明显可行的：电子图书元数据可以使图书无须提前购买就可以在图书馆目录中被检索到，并且只要能够检索出来，网络领域使得一键访问和立即购买成为可能，并且这些操作都在幕后，也无须用户亲自前往。

然而，导致图书馆启动电子书的DDA项目的想法也适用于实体书（希望提供更多内容，减少对使用率低或那些未被使用书籍的支出，建设一个更紧密反映用户需求和兴趣的馆藏等)。显而易见的问题是，与电子图书不同，印刷图书是实体对象，因此当图书馆登记用户希望获取时，它们不能立即出现。由于这个原因，传统的DDA模式并不适合印刷领域。

当然这并不是说适用于印刷领域的DDA模式不存在，或者在某种程度上不起作用。目前，我们可以在当前的学术图书馆中找到至少三种模式可能被称为“印刷领域的DDA”。

其中第一种最常见和最广泛的模式是建立很久的“推荐购买”或“读者需求”项目，即我们熟知的馆际互借（ILL）的服务。大多数图书馆都有相应的机制，通过此机制，用户可以联系图书馆并请求他们获取馆内目前没有的所需书籍。为了满足这种需求，图书馆多年来一直在采用互相借阅的方法。例如，如果犹他大学的一位读者需要一本校内图书馆没有的实体书，图书馆可能会搜索联机联合目录（如OCLC的WorldCat)，以确定其他大学图书馆是否持有该书的副本。如果确定有学校持有该书，图书馆将发送一个馆际互借的请求，拥有这本书的图书馆将把书以邮件方式寄出，并以此作为回复，这样这本书将借给犹他大学的读者。馆际互借服务是一个非常有效的项目，它使读者可以使用到海量的图书，这比任一图书馆所能够提供的都要多。与此同时，ILL 又是一个效率很低的项目，因为它通常要求用户要等上几天，有时要等上好几周才能获取想要的图书。在收到这本书后，用户通常也只被允许在短时间内保留这本书，一般都比本校图书馆的借阅期短得多，而且不允许延长借阅期。

同样地，“推荐购买”模式允许图书馆的用户建议他们的图书馆只购买它还没有拥有的书；通常情况下，为了响应这样的请求而购买的书会被保留给有请求的用户，这样他就可以第一个使用。这项服务通常比馆际互借等待的时间短（因为书商通常比图书馆发货快），而且几乎总是会保持一个标准的借阅期限（有可能续借）。

值得注意的是，馆际互借服务的人力时间和运输成本通常等于或大于直接购买所需书籍的成本，而且由于馆际互借通常比直接购买要慢，许多学术图书馆正朝着“购买替代借阅”的方向发展——首先检查亚马逊或其他在线书商，看看他们是否能更便宜和更有效地解决馆际互借请求，就好像它是一个“推荐购买”的请求。

第二种被称为“印刷领域的 DDA”的模式是出版商和第三方图书供应商越来越普遍采用的按需印刷的方式。从图书馆的角度看，这就像是另一种图书购买方式，然而，这对于出版商和发行商造成的差异是巨大的。按需印刷意味着供应商可以在不维持仓库库存（避免模型带来的所有浪费和经济损失）的情况下完成订单。像英格拉姆（Ingram）这样的第三方图书供应商在他们的仓库中拥有相当于内部印刷机的东西，这使得他们能够与出版商达成协议，通过该协议，他们可以在同一天收到书籍订单并且完成印刷和发货。① 一些出版商（例如牛津大学出版社）已经采用了此项技术，② 这使他们能够重新使用自己的旧书目录以及更重要的绝版书目——事实上，按需印刷技术的存在，使“绝版书”的概念不再使用，这将有利于所有参与学术研究的人。

当然，在离图书馆很远的地方实现的按需印刷只解决了部分获取问题。和传

① http：//www.ingramcontent.com/publishers/print/print-on-demand.

② http：//www.lightningsource.com/ops/files/comm/CST127/51400_CaseStudy_Oxford_NoCropmarks.pdf.

统的馆际互借及“推荐购买”项目一样，它为用户提供了更多可用的书籍，但用户在需要时，无法立即获取大多数书籍：用户必须提交请求，然后等待书籍交付给他们。通常情况下，用户至少需要等待几天，即使是此类服务中速度最快、效率最高的，也需要等待至少24小时。

然而，近年来出现了另一种按需印刷技术，这一技术代表了被称为印刷DDA的第三种（在许多方面也是最令人兴奋的）表现形式：内部按需打印。这项服务目前只能在一个产品上使用，虽然随着时间的推移，有希望出现其他产品：自动印书机（EBM）。它有点像上述仓库中的工业按需印刷设备，只是规模小得多。它主要包括由一个小型组装设备连接的两台打印机，整个机器由一台计算机操控，该计算机连接了已格式化为按需印刷的电子书的网络数据库。当从数据库中选择一本书时，一台打印机打印出文本部分（或书的内部页面），而另一台打印机则打印较重的封面。打印完文本部分后，组装设备会将胶水粘到书脊上，贴上封面，并将其调整到合适的尺寸。几分钟后，让胶水变干，印刷好的书就从一个斜槽中掉到请求者等待的手中。

显然，对于图书馆和出版商来说，自动印书机是一种改变传统技术的创新。对于图书馆来说，它提供了一种可能性，可以为用户提供几乎无限数量的图书，而且不仅仅是当前的出版物——因为自动印书机网络利用来自北美和英国研究图书馆的图书的数字扫描版（详见第8章谷歌图书项目和数字库），它包括数百年前公共领域的书目，其中一些仅存在少数的实体副本，这彻底地拓宽了获取学术知识的途径，其影响是巨大的。对于出版商来说，这不仅意味着他们的书不必绝版，而且还可能绕过第三方供应商和分销商，更加有效地向图书馆、书店和个人读者销售。

当然，没有任何东西能像它设想的那样完美工作，在撰写本书时，自动印书机仍然有一些主要障碍，必须克服它们才能彻底改变图书馆藏书和图书销售的模式。障碍之一是出版商不愿意让他们的书——特别是新书（或“重点新书”）——在自动印书机的网络上使用。这种不情愿似乎不仅源于对印书机条款在整体销售方面的影响缺乏确定性，而且也源于这样一个事实，即自动印书机印刷出的书籍并没有精装书（甚至许多商业平装书的装订）那么有吸引力和坚固。它们很坚固，但不太有吸引力，对于那些至少部分依靠阅读书籍的实际体验而建设品牌的出版商来说，自动印书机还不是一种非常吸引人的发行和销售方法——特别是对于重点新书，出版商常常以带有防尘套的硬装订销售，并且印刷在相对豪华的纸张上。

然而，更重要的问题是元数据。除非书籍在目录或数据库中以良好的描述性元数据表示，否则很难找到书籍，并且创建元数据是一项昂贵的建议。截至本书编写完成前，制造自动印书机并管理其书目网络数据库的公司还没有找到一种使该数据库有效搜索的经济有效的方法；在许多情况下，已经存在的元数据记录往好的方面说比较简单，往坏的方面说是不准确的，这使得系统中的书籍无法被最终用户找到，严重阻碍了自动印书机作为电子图书印刷版的发现和交付系统的有效性。等到这个特定的问题被克服时，也意味着按需和实时提供印刷书籍的重大障碍的结束。

6.4 图书馆的发展

6.4.1 数字图书馆

“数字图书馆”一词可能有多种含义，具体取决于上下文。

从广义上讲，数字图书馆几乎可以是以数字格式存储的任何文档集合。这些文档可能是“数字原生”的（即最初通过计算机创建的文档），或者它们的起源可能是后来数字化的模拟文档。例如，这本书就是一个数字原生文档——你可能正在阅读它的印刷版本，或者你可能正在阅读 Kindle 版本或其他数字格式的文档，但是它是被写在计算机上的，因此是一个“数字原生”文档的例子。

近年来，各种类型的数字图书馆不断增多。其中包括：

（1）HathTrust（一个由各种研究图书馆的数字藏书组成的图书馆，在本书的其他地方有更多的讨论）。①

（2）美国数字公共图书馆（一种查找工具，它不存储全文，而是提供广泛而分散的数字馆藏和公共可用文档的链接（包括书籍、地图、照片和其他

① http：//hathitrust. org.

资源））。①

（3）古登堡计划（收集超过50000本数字化的和数字原生的书籍）。②

（4）美国记忆项目（国会图书馆和其他公共机构提供的数字文本、音频和视频文件的馆藏——也是最早在互联网上发布的此类馆藏之一）。③

（5）以大学为基础的数字馆藏，通常基于他们图书馆的特殊馆藏（下文有更多关于这个话题的讨论）。其中值得注意的例子包括加利福尼亚数字图书馆（虽然不是全部，但其中大部分是免费提供给公众的）。④、北卡罗来纳数字遗产中心⑤和杜兰大学数字图书馆。⑥

6.4.2 图书馆角色的转变

虽然今天的图书馆继续履行上述三项重要职能，但学术交流生态系统的演变已经显著改变了图书馆的一些做法。虽然这种演变挑战了一些以前被认为是图书馆核心功能和价值的东西，但却为图书馆带来了新的机遇。

几个世纪以来，图书馆代理访问内容的方式变化很小：代理访问意味着购买实物（如书籍和期刊），这些实物是以纸墨形式对信息进行编码的载体。因为这些文件是实体，所以可以像实物一样买卖；一旦图书馆购买了一本书，它就成了图书馆的财产，妥善保管就成了图书馆的唯一责任。尽管版权法限制了对书中的知识内容所能做的事情，但图书馆还是有权决定如何管理和维护这些实体书籍。而且，值得注意的是，一旦图书完成了购买和交付，图书馆与供应商的关系就结束了（关于这本书的）。

当涉及期刊和其他系列出版物的订购时，交易实际上标志着图书馆与出版商或供应商之间持续关系的开始，并且这种关系还需要进行管理。通常每年的订阅费用需提前支付，图书馆必须监督订阅刊物的持续输出，以确保出版商或供应商履行其义务——最新一期的期刊是否按时交付？是否遗漏了某期期刊？

---

① http：//dp. la.

② http：//www. gutenberg. org/wiki/mainpage.

③ http：//memory. loc. Gov.

④ http：//www. cdlib. org.

⑤ http：//www. digitalnc. org.

⑥ http：//digitallibrary. tulane. edu.

然而，在过去的几十年中，像书籍和期刊文章这样的学术文件实质上已经从实体领域转移到了在线领域。如前文所述，这越来越多地意味着，“购买”一本书的“副本”并不意味着实际获得一个实物，它意味着购买了在线文档内容的访问权——或者有效地建立订阅。这反过来意味着，交易时刻标志着图书馆供应商关系的开始，而不是关系的结束，当图书馆支付访问费用时，供应商有责任在许可期内向其提供访问权限。

图书馆正在改变的另一个重要方式体现了学术交流的另一转变——从实体领域到在线领域的戏剧性转变：除了作为他人创作内容的购买者外，图书馆正日益成为内容创作者和出版商。这是我们接下来要讨论的主题。

6.4.3　图书馆出版

互联网的出现使图书馆不仅以新的方式与出版商合作，而且可以自己成为出版商。近年来，这种发展至少以两种重要方式体现。

首先，经营大学出版社的学校越来越多地决定将大学出版社作为图书馆组织结构的一部分，由出版社主管向图书馆的某个人（通常是图书馆主任或馆长）汇报。在这种情况下，图书馆本身可能或多或少地参与出版社的出版活动。但在大多数情况下，图书馆并没有深入参与其中。虽然向图书馆汇报，但出版社仍然是独立运作的机构。然而，在某些情况下，图书馆和出版社更多地具有功能整合性，创造出新型的合作出版方式。

Lever Press 就是这样一个例子，它是一家由密歇根大学出版社、密歇根大学图书馆和文科大学图书馆联盟共同建立的合作出版企业。① Lever Press 旨在出版的是机构资助的开放存取（OA）电子书，聚焦于与文科院校使命相一致的课题，其资金主要来自参与图书馆的保证金。

图书馆成为出版商的另一种方式是仅仅成为出版商。根据人们对“出版”的定义，互联网已经将出版的准入门槛降到了最低。如果你想写一本书，将它免费提供给所有人，你可以在网上开设一个免费的博客账户，并将每一章作为一篇博客发布。当然，如果你可以这样发表自己的文章，你也可以发表其他文章。在第12章中，我们将讨论机构存储库（IRS），并简要阐述它们可以作为“白金级”

① https：//www. publishing. umich. edu/projects/lever-press/.

OA 期刊的出版平台来提供服务（OA 期刊指由机构资助的期刊，而不是对作者征收文章处理费的期刊）。越来越多的图书馆正在尝试使用这种图书出版模式。在某种程度上，它可以被看作机构存档的一个高级版本：所贡献的内容不仅在一个公开访问的在线空间中被存档和管理，而且还经过内部编辑审查，被排版冠名为正式的出版物。这种方法被证明对刊登本科生研究和学术成果的期刊特别有用：一个内部的、基于机构存储库的杂志可以提供一个宝贵的体现学术出版严谨性的初次经验。但是图书馆在专业的基于机构存储库的期刊上也取得了成功。例如，在撰写这篇文章时，德州数字图书馆使用开放期刊系统平台托管了近 50 种期刊，其中一些是同行评审的学术期刊，一些是学生科研期刊，还有一些是专业的社会出版物。①

图书馆正在探索的另一种方式与出版直接相关，即与已建立的出版商合作，改变现有的出版模式，通常是为了向所有人自由公开地开放学术内容。这一举措的一个例子是关于粒子物理学开放存取出版的赞助联盟（SCOAP3），一个由图书馆、资助机构、研究组织和其他共同承担十种高能物理领域科学期刊出版成本的机构组成的国际联盟。② 这些期刊仍由其所有者出版，但 SCOAP3 基金允许出版商免费向读者提供内容。在这种安排下，图书馆本身并不完全像出版商那样运作，但他们正在通过为出版活动提供直接的、外部的资助方式来承担新的角色。

鉴于图书馆界对学术出版改革的强烈需求（而且在整个学术界的分布不太均匀），随着时间的推移，我们可能会看到一些图书馆出版形式继续繁荣，其他形式会消亡，而新形式会不断出现。

---

① https：//tdl. org/tdl-journal-hosting/.

② https：//scoap3. org.

7 大学出版社在学术交流中的作用

7.1 大学出版社的产生

大学出版业起源于西半球最悠久的两所大学：牛津大学和剑桥大学。到 16 世纪中叶，这两所大学的出版社都以相对较小的规模印刷书籍和其他学术文献，大学学术出版缓慢发展，并在 19 世纪初扩展到北美。1919 年，美国有 13 家大学出版社在运营，截至本书撰写之时，全世界有数百家出版社在运营。①

对我们今天的许多人来说，大学出版社的出版物几乎等同于学术专著。然而，大学出版社也经常出版期刊，在 20 世纪后半叶，大学出版社出版的“商业”书籍数量显著增加。这些书的目标群体是较为普通且学术性较低的读者，通常聚焦于主题领域。大学出版社会选取烹饪、旅游、民族研究和地区政治史等主题出版商业书籍，这些书籍的销量也往往比学术图书更为可观——在许多情况下，商业书籍的销售能够为学术专著的出版提供财力支持。

7.2 大学出版社与其他学术出版社的区别

最明显的区别是大学出版社大多是大学的子机构（也有一些出版机构自称为“大学出版社”，但实际上并不隶属于任何一所大学——比如美国大学出版社（The University Press of America），虽然名称如此，但它最近几年没有出版过任何

---

① Meyer, S, "University Press Publishing", In P. G. Altbach & E. S. Hoshino (eds), *International Book Publishing: An Encyclopedia*, New York: Garland Publishing, 1995, pp. 354-363.

书籍，而且似乎已被其母公司 Roman & Littlefield 终止运营和出版)。因为大学出版社通常是为了完成其母机构部分研究和教学任务而设立的，所以他们并不执著于追求盈利，也没必要期望盈利。有些是作为成本中心建立起来、以补助金的形式运作，只是尽可能地不让机构花费太多。其他出版社的目标是实现收支平衡，然而其中一些已经成为非常成功的商业出版实体，最卓越和最著名的当属牛津大学出版社，它是牛津大学的一个部门，但同时也是一家跨国公司，它拥有数千名员工，每年的财政盈余超过 1.5 亿美元。①

大学出版社另一个重要的不同点是出版的图书和期刊种类不同。前面提到，出版学术专著是大学出版社的显著特征，学术专著是学者为其他学术型读者撰写的主题高度专业化的学术图书。与商业书籍相比，大学出版社出版的书籍在公共图书馆出现的可能性更小，而在学术型或研究型图书馆中可以大量获取到。学术专著往往比商业书籍更贵，而且由于专业性特质，通常会以低于 1000 份的数量印刷。

在一些学科中，特别是在历史、文学等人文学科领域，大学出版社的图书可能是学者博士论文的修订版，这反映了大学出版社的另一个重要作用。在这类学科中，青年教师可能需要通过学术出版社（最好是大学出版社）出版至少一本书以确保教职。在这种情况下，一名教师可能会将其博士论文作为第一部专著的基础，这对学位论文本身的存储和传播也会产生一定影响（这些影响将在第 12 章开放获取中进一步讨论)。

7.3 大学出版社对出版书籍的选择

与一般的商业出版社不同，大多数大学出版社把出版工作集中在一个特定的学科领域（或一小部分学科领域)。因此，这些主题通常具有领域维度。例如，明尼苏达大学出版社闻名于其在社会和文化理论、城市主义和女权主义批判（以及其他相关领域）方面的出版物，它也出版了有关美国中西部地区自然和文化历史的书籍，反映了其地理位置和文化环境。如果是一本关于阿巴拉契亚弦乐或夏威夷王权历史的学术专著，就不太可能成功地在明尼苏达大学出版社出版——不

① http：//global. oup. com/about/annual_report2_015/？ cc=us.

是因为这些主题价值不高，也不是因为书写得不好，仅仅是因为大多数大学出版社都有一个相当明确的主题覆盖范围。在这方面对出版物的选择与关联性有关，与学术品质无关。

然而，学术质量是大学出版社另一个重要的选择因素。因为他们的使命更具学术性而非商业性，所以大多数大学出版社都希望出版的书籍能对作者所在领域的知识作出重大贡献——即使那些书不太可能卖很多本。但这并不意味着大学出版社不关心销量；相反，即使那些没有盈利期望的出版社也希望出版物能被许多人阅读并产生广泛的学术影响。然而，这的确意味着，除了预期的受欢迎度，大学出版社还会依据其他标准来选择要出版的书稿。

评审书籍计划、决定接受哪些进行出版这一机制在不同的出版社之间存在差异，这主要取决于工作人员的规模。一般来说，大学出版社雇佣的是组稿编辑，他们与出版社主管协商，就接受或拒绝某一书籍计划作出最终决定。在许多情况下，编辑在咨询委员会（由出版社职员和其他感兴趣的学者组成）的帮助下，进行初次筛选，所有委员会成员向编辑们提供意见，帮助他们完成初审。出版计划可能是由作者主动寄送到出版社的，也可能出于对作者研究工作的兴趣，出版社邀请或委托作者提出书籍计划。

当然，一旦一个书籍计划被接受且手稿被提交，在书籍最终出版之前还有许多事项需要处理。许多大学出版社采用同行评审制度，对书籍计划和最终录用前提交的稿件进行评审。该系统的功能与学术期刊文章同行评审（如第 4 章所述）非常相似：它创建了一个专家评审层，不仅发挥编辑功能，还关注作者在其学科领域内的专业性。对于作者来说，这个系统的优势不仅在于通过严格的审查来改进其工作，而且增加了其出版物的品牌价值。在一家闻名于严格同行评审程序的出版社出版书籍，对于作者的学术生涯而言是锦上添花。

7.4 大学出版社的补贴出版

要回答这个问题，我们必须引入“补贴出版”这一概念，然后简要回顾“大学出版社”的概念。

首先，要注意“资助出版”和“补贴出版”之间的区别。“资助出版”这一术语用于描述由另一实体资助的出版社合约，不一定期望其从出版活动中获利或有盈余。一些大学出版社在这种合约下运作，这些出版社并非要在商业市场取得成功，而是期望出版的书籍和其他资料能够支持主办机构的事务，由主办机构承担其运营成本。

“补贴出版”有时被贬义地称为“虚荣”出版，是一种出版商接收由作者提供的任何手稿，出版商有时（但非总是）提供某种程度的编辑审查和介入，并要求作者承担书籍出版费用。这些费用可以采取预付补贴的形式，也就是说，作者可以预先支付一定费用，以换取特定数量的副本，或者作者可能被要求购买足够多的书籍副本以抵消出版商的支出，并产生一定盈余。显然，这种商业模式没有任何本质上的错误，在这种合约下，出版商只是服务提供商，不提供传统学术出版交易中重要的审查部分（无论是适销性还是学术质量或两者兼备）。

在补贴出版商作为传统的学术企业出现在市场，并把其出版的书籍包装为历经学术分歧和编辑审查这一传统过程的产物时，这种合约会引发争议。在近代史中，一些公认的学术出版商因这种行为在学术界引起了负面关注。其中一些出版商很擅长提出诉讼，因此本书不会提及它们的名字。然而，感兴趣的读者可以通过“虚荣”“学术”和“出版”等术语进行网络搜索，加入相关主题的讨论。

至于什么构成了“真正的”大学出版社这一问题，虽没有太多争议，但仍不够直截了当。前文提到，尽管不附属于任何大学，一些出版商仍自称“大学出版社”。美国大学出版社就是如此；埃德温梅伦大学出版社最近的专著出版于 1997 年，尽管它的赞助机构是一所总部位于特克斯和凯科斯群岛、提供基于生活经验学位的短期大学。这些出版社并非大多数人提到“大学出版社出版”时想到的那些，然而没有什么可以阻止他们自称大学出版社。该术语的定义范畴由专业规范维护而非法律法规维护。

有一个大学出版社相关的专业组织：美国大学出版社协会（AAUP）。其中并非所有成员都是大学出版社（例如，美国历史协会和布鲁金斯学会），但如果自称大学出版社的是 AAUP 的成员，那它肯定是真正的大学出版社。

7.5 大学出版社与学术专著

乍一看，这似乎是个无聊且不值一提的问题，但事实上是作者、出版商和图书馆几十年来一直在纠结的问题——近年来越发棘手，图书馆通过减少预算来应对经济衰退和读者多重选择行为的变化。但只要学术出版存在，读者和市场问题就会存在，需要我们思考价值和成本的问题，这在学术交流背景下尤其困难。我们如何衡量一个想法或论点的价值？如果这个想法是独创的且具有前瞻性，它可能会因其原创性和新颖性吸引大量读者，但如果它看起来很古怪、愚蠢且不起眼，就根本不会吸引任何读者。出版社在作出出版决定时，是应该基于对论点质量的判定，还是预期受众的规模？一个显然的答案是这些标准并非是非此即彼的关系，出版商应对两者进行权衡。当然，这说起来容易，但实践起来比较困难。

一个重要的问题是，书籍的受众不仅（或不是主要地）由其质量决定，而且在很大程度上取决于它与潜在买家和读者的关联性。对个人和图书馆来说都是如此。世界上有关不丹建筑的顶级专著，虽内容精湛，但仅有少数读者对其感兴趣，并且只有少数学者的工作与之相关（因此对许多图书馆来说并非明智的选择）。有关市场经济学基础知识的普通图书，尽管其质量一般，但显然更多的读者对其感兴趣且对读者有帮助。怎样才能很容易地看出哪些书注定有更庞大的受众，哪些书更有价值呢？（有关学术图书出版的质量和相关性的讨论，请参阅第10章）。

换句话说，书籍的客观价值难以确定，并最终由主观因素确定，因为它是由质量这一客观测度之外的因素决定的。书籍的质量因其自身价值而异，而非环境。但即使能够以严格的测度方式确定一本书的价值，成本问题仍将存在：每100本可在市场上购买的高相关性和高质量书籍中，一名感兴趣的读者可能只选择一本购买，即使是图书采购预算比大多数个人预算大数千倍的研究型图书馆，也无法购买或存储可能对其所服务的学生和教师有用的全部书籍。

这些是个人图书购买者在决定购买哪些图书供自己使用时所纠结的问题，但图书馆在解决这一问题时更加费力，因为它们试图支持世界上成千上万个具有不同的品位、兴趣和背景的人的教学、学习和研究。在这种情况下，“有没有人真的会去阅读学术专著”这一问题具有重要意义。

当然，问题的答案很简单：“是的”，但它的简单具有误导性。一个更准确的答案是，“是的，大多数学术专著至少会被一个人阅读，尽管它还取决于你对

‘阅读’的理解”。在此我们遇到了另一方面的难题：“阅读”学术专著是什么意思？如果问题是“有多少人从头到尾读完一整本学术专著”，答案给出的数量肯定会相当低，尽管书通常被设计为这样使用。如果问题是“有多少人在研究过程中查阅学术专著、寻找与其工作主题相关的信息”，答案给出的数量将会高得多。的确，长期以来学术图书馆的书籍常被用作数据库而非图书。作为信息的存储库，书籍中的一些内容可能会被带到一个问题上，而不是像沉浸式旅程那样沿着线性路径论证。

虽然将书籍作为数据库的场景并非作者所预期（或期望）的用法，但这使得学术图书有更广的受众。一些观点也支持将学术专著出版为电子书，这显然比捆绑式典籍更适用于疑问式研究。

7.6 大学出版社与开放获取

相比于期刊出版领域，图书的开放获取运动发展较慢。一部分原因是读者对期刊文章（尤其是科学学科）的需求明显比专著高很多，因此专著订阅模式需求带来的压力更大，另一部分原因是出版专著的成本远高于期刊文章。最近的一项研究表明，出版学术专著的总成本通常在 2.7 万美元左右。① 相比之下，如果“黄金”开放获取期刊的文章处理费用也算作一项指标，应用与社会科学的期刊文章的出版费用通常在 1000 美元到 3000 美元之间。这意味着除了读者对获取学术专著的需求较低之外，提供专著的成本障碍也更大 ——而每单位期刊文章需求增加和成本降低的结合对免费获取的影响相对较小。

鉴于专著和期刊文章在篇幅、复杂程度以及生产时所需智力劳动量上存在差异，成本上的差距并不值得惊讶。这些差异连同大多数学术专著的受众相对较少这一事实，在某种程度上解释了为什么在专著领域推行开放获取方案需时更长。

尽管如此，图书开放获取的出版模式正在兴起，而且近年来正以越来越快的速度发展。第 12 章讨论了这些模式中值得关注的例子。

① http：//www. sr. ithaka. org/publications/the-costs-of-publishing-monographs/.

7.7 大学出版社的未来

目前，对于大学出版社来说，学术交流环境是动荡的，在过去的几十年中，许多有关学术出版的事物发生了本质上的变化，并且持续变化，这对大学出版社的生存能力产生了直接的影响。没有理由相信变革速度会在可预见的未来减缓，或者学术交流生态系统的持续波动将使它与目前构想的大学出版社更加一致。

例如，研究型图书馆的流通率至少从 1990 年年初开始急剧下降。① 在某种程度上，学术图书馆仍是大学出版社的重要客户，并且图书馆的采购受到顾客对图书行为的影响，很难看出这种趋势对大学出版社未来发展的益处。实际上，正如前一章中讨论的那样，学术图书馆正朝着将顾客的阅读和研究习惯直接与馆藏发展相联系的方向快速发展，因此图书（所有格式）的采购数量会比过去少。

与组织结构相关的事物也在快速变化。越来越多的大学出版社被纳入其所在大学的图书馆。2014 年，AAUP 的一项调查发现，17.5%（将近 1/5）的大学出版社由图书馆院长或馆长主管，而且之后越来越多的出版社进行了这种转变。②导致这一现象的原因值得探究，事实上，学术交流界主要是反对的声音（尤其是出版顾问 Joe Esposito，他在“学术厨房”博客中撰写了关于这一主题的深度文章）。③ 当然，答案因人而异，可分为两大类：防御性的和主动性的。

将大学出版社纳入图书馆保护伞的防御型主张只是为了使其继续履行使命，受到威胁的出版社需要市场力量的保护。随着图书销量的下降，如果出版社被遗留在冷市场中便会陷入困境，图书馆为它提供了庇护所：如稳定的基础设施、更大配额的机构资金获取，以及（政治上）被理解和预判为花费中心而非收入来源的组织整合。从这个角度来看，图书馆是一个安全的港湾。2016 年，密歇根大学出版社主任 Charles Watkinson 在高等教育内部访谈中谈道：将出版商整合到图书馆中的惊奇之处在于，至少给了我们一些喘息的空间……我们不必为资金而焦

① http：//ij. lIbraryjournal. com/2011/06/academic-libraries/print-on-the-margins-circulation-trends-in-major-research-libraries/.

② http：//www. aaupnet. org/images/stories/data/librarypresscollaboration report corrected. pdf.

③ https：//scholarlykitchen. sspnet. org/2013/07/16/having-relations-with-the-library-a-guide-for-university-presses/.

头烂额。出版社得到了创新的能力和自由，也许还可以在收入方面挖掘自我潜力。①

Watkinson 的评论较好地引导了从防御型主张（“我们并不总是需要考虑资金来源”）向主动型主张的转换：给予了出版社实施创新的能力和自由。对于许多这一趋势的参与者来说这样的主张更加激动人心，因为这有利于图书馆—出版社的整合。从这个角度来看，将出版社整合到图书馆这一方式的吸引力与其说是预防了什么，还不如说是它创造了更多可能。在密歇根，图书馆—出版社的合并使 Lever 出版社得以创建，这是一个涉及人文学院出版社和图书馆合并的新学术书籍出版计划。② 在犹他大学，大学出版社与图书馆的合并促进了绝版系列考古学论文的恢复获取，这些都可以使用图书馆的 Espresso Book Machine 按需印刷。其他学术图书馆在与大学出版社合并或合作时，也有类似的（和非常不同的）项目在不断兴起。

① https：//www. insidehighered. com/news/2016/08/01/amid-declining-book-sales-university-presses-search-new-ways-measure-succes.

② https：//www. lib. umich. edu/news/michigan-publishing-collaborates-launch-lever-press.

8　谷歌图书与 HATHITRUST

8.1　谷歌图书

8.1.1　谷歌图书计划

谷歌图书（Google Books）源于谷歌创始人谢尔盖·布林和拉里·佩奇在 20 世纪 90 年代中期产生的一个想法，当时他们还是研究生，万维网也处于起步阶段。他们想象着一个将大量印刷版图书数字化的世界，人们可以使用搜索引擎轻松地检索和分析图书的内容。最初的想法是对世界上的所有图书进行数字化扫描，但该项目的开始更偏向于管理层面：谷歌与哈佛大学、密歇根大学、斯坦福大学的研究型图书馆以及纽约大学的公共图书馆和牛津大学的博德利图书馆之间建立了合作伙伴关系。关键是，合作伙伴还包括一些重要的学术出版商和贸易出版商，包括 Blackwell、Penguin、Houghton Miflin、Springer 和 Taylor&Francis，以及芝加哥大学、牛津大学和普林斯顿大学的大学出版社。①

随着时间的推移，该项目得到了扩展，谷歌团队在数十个主要的学术、国家和公共图书馆的书库努力推进工作，逐页扫描他们的馆藏图书，创建每本书的数字副本。作为为谷歌提供馆藏访问的回报，每个图书馆都获得了其被扫描藏书的数字副本，在无须直接付费的情况下，既有效地为每个图书馆创建了现有实体馆藏的数字版本，也为谷歌创建了一个庞大的数字化文本数据库。

确切数字尚未正式发布，但 2015 年《纽约时报》报道称谷歌总共扫描了

① https：//books. google. com/googlebooks/about/history. html.

“超过 2500 万册” 图书，包括 100 多个国家的超过 400 种语言的文本。①

8.1.2 谷歌图书的版权问题

商业公司参与系统性、大规模的版权图书印刷活动，并供公共使用，这竟然是合法的？这是一个很好的问题，细心的读者不难想到，谷歌图书项目从一开始就引发了争议。版权所有者（作者和出版商）一旦了解该项目便会感到不安，谷歌图书很快便官司缠身。2005 年，作家协会（Authors Guild）代表作者们向谷歌提起集体诉讼，声称谷歌既没有尊重版权，也没有因使用作者的著作而付出合理报酬。② 与此同时，五家商业出版社和美国出版商协会（AAP）对谷歌提起了单独的民事诉讼，同样声称其侵犯版权。③

同时，谷歌图书项目也面临着国际上的阻挠和反对。在法国，依据国际标准的版权法限制异常严格，法国出版商联盟成功起诉谷歌项目，关停谷歌图书中拥有法国版权的图书，包括美国图书馆的相关藏书。④

然而，美国针对谷歌提起的诉讼并不像法国那样成功，事实上，他们最终都未成功。起初，谷歌和原告试图达成谈判解决方案。2008 年提出了作者协会和 AAP 诉讼（已于 2005 年合并）的联合解决方案；它规定谷歌向原告提供 1.25 亿美元的现金许可条款，允许谷歌以订阅的方式向个人和机构出售数字化图书的访问权限。该方案被法院驳回，理由是它可能违反美国的反垄断法。双方在一年后提交了修订后的和解协议，但在 2011 年遭到否决（谷歌在 2012 年与 AAP 达成了单独的和解协议）。最后，该诉讼在 2013 年遭到驳回。原告在 2014 年提出上诉，但在 2015 年，上诉法院一致支持谷歌的原判。原告随后向最高法院提出的上诉在 2016 年被驳回。⑤

在版权法面前，大批量系统地复制版权图书显然是行不通的，但为什么法院最终会支持谷歌呢？

---

① http：//www. nytimes. com/2015/10/29/arts/international/google-books-a-complex-and-controversial-experiment. htm？ r=1.

② https：//www. authorsguild. orgauthors-guild-v-google-questions-answers/.

③ http：//publishers. org/news/publishers-sue-google-over-plans-digitize-copyrighted-books.

④ http：//articles. latimes. com/2009/dec/19/world/la-fg-france-google19-2009dec19.

⑤ https：//en. wikipediaorg/wiki/authors_guild，_inc. _V. _Google. Inc.

首先，这场诉讼的一个基本问题是这些印刷图书的数字化是否代表了“变革性”的用途。重要的是要理解版权法区分了导致“原样复制”（没有创造任何新内容或原创内容的单纯、直接的复制）和以某种方式将原件转化为有意义的新事物的复制品。在上述诉讼中，作者和出版商提出了一个似乎相当合理的论点：谷歌的数字化项目只是为图书创建了数字副本，除此之外没有做任何有意义的变革。谷歌没有添加解释、没有新文本，也没有新内容。但谷歌声称，制作印刷图书的数字副本是在将其转化为可以全新方式使用的文档（用于文本挖掘和分析，汇总全文搜索结果等），并且可供有阅读障碍和视觉残疾的人士使用，这是印刷图书无法实现的。法院认为，这一论点具有说服力，并明确地站在了谷歌这一边。

其次，谷歌已同意数字化图书文本可以在线搜索，但不能阅读全文，这对合理使用主张有着非常重要的影响。（请参阅第5章中关于“合理使用”概念的进一步讨论）。谷歌图书项目实际上并没有将数百万册版权图书放在开放的网络上供所有人免费阅读，它只是将这些图书转变为可自由搜索的庞大文本数据库，但搜索出来的结果是只能为搜索结果提供一些上下文的文本片段，而不足以达到实际访问图书的体验。谷歌声称（在法院看来是令人信服的），提供对版权文本的这类访问不会对相关图书的营销产生影响，甚至可以通过帮助读者找到可能感兴趣的图书来提高销量。谷歌也提出，这种用途是变革性的。

同样值得注意的是，正如法院所做的那样，绝大多数被谷歌数字化的图书都是非小说类作品。这一事实对侵犯版权的问题也有重大影响，因为事实类作品比创意类作品受到的保护要少。

所有这些分析论点都促使法院得出结论：谷歌图书项目构成了对版权作品的合理使用，尽管它涉及系统性大批量复制整个作品以及开发这些副本用于商业目的。

然而，除了证实合理使用之外，法院还详细列出了其调查到的谷歌图书项目带来的重大公共利益。虽然公共利益本身不足以证明侵犯版权或将复制和再分配定义为合理使用，但在这种情况下，法院发现了该项目兼具公共使用利益和强有力的合理使用论据。在结案陈词中，Denny Chin 法官这样说：

在我看来，谷歌图书带来了重要的公共利益。它促进了艺术和科学的进步，同时确保了对作者和其他创意个体权利的尊重，并且不会对版权所有者的权利产生不利影响。它已成为一种宝贵的研究工具，能够帮助学生、教师、图书管理员和其他人更有效地识别和定位图书，它使学者首次实现了对数以千万计的图书进行全文检索，它保存了图书，特别是在图书馆内被遗忘的绝版和旧书，给了他们新的生命，它为阅读障碍人群和偏远或得不到充分服务的人群获取图书提供了便利。它所产生的新的受众为作者和出版商创造了新的收入来源。事实上，整个社会都能受益。①

因此，最重要的是，经过多年的考虑、谈判以及公共和私人纠纷，法院最终判定谷歌图书项目是合法的。这是版权法律史上一个里程碑时刻，并且互联网的出现已不可避免，尽管这些特定诉讼的具体后果并非如此。

8.1.3 谷歌图书的访问

如上所述，谷歌书库中大多数数字化图书都无法在线阅读或下载；可以通过单词或短语查找书中的内容，并且这些搜索结果将在各种图书中显示搜索词的位置，但在大多数情况下不允许搜索者阅读整卷图书。根据作品的性质和谷歌与版权所有者的协议，搜索结果中每本书可获取内容的多少会因书而异，在大多数情况下，可以阅读多达几十页，但可查看的页面通常分散在整本书的文本中。然而，对于研究人员来说，这种访问是有巨大价值的；能够彻查图书的文本（而非被迫阅读整个文本或依赖于传统索引提供的粗略近似全文搜索），不仅可以使许多传统形式的研究耗费的时间变短，也可以实现在印刷时代根本不可能进行的新型研究。

像 Google Ngram Viewer 就是谷歌图书这一大规模图书数字化项目推出的研究工具。在计算机语言中，术语“n-gram”是指在大型文本语料库中的一串字母或字符（例如书中的单词或短语）。Google Ngram Viewer 允许研究人员（或仅仅是好奇者）查看给定字符串在谷歌书库中出现的频次，并将其按年份展示。② 由于

① http：//www.wired.com/imagesblogs_/threatlevel/2013/11/chindecision.pdf.

② https：//books.google.com/ngrams.

谷歌图书库收录的书的出版时间最早可追溯到15世纪初，这一工具可为已出版图书中单词和短语的首次出现及其随时间变化的流行程度提供有趣线索。虽然谷歌图书库既不全面，其代表性也不足以提供文献的完美索引，但它的数据量和代表性至少能生成有趣且具有启发性的搜索结果，起码是之前从未实现过的。

虽然谷歌数字化的图书大多无法用于全面的在线阅读，但这一基本规则有个重要的例外，它适用于公共领域的图书（因此不受版权限制），谷歌书库的公共领域图书是可以完全免费阅读和下载的。

8.2 HATHITRUST

8.2.1 什么是 HathiTrust

当谷歌与美国研究型图书馆合作创建其数字化图书库时，它为每个图书馆留下了一组其对馆藏图书执行数字化时的图像。这意味着当谷歌采用其扫描设备继续工作时，每个图书馆都留下了其馆藏图书的完整（或接近完整）数字副本——在许多情形下，这意味着它们拥有数以百万计的电子书。

那时，尚不清楚可以合法利用这些数字副本做什么，反对谷歌的各种诉讼还没有定论，事实上有些还没有提交，版权问题仍然很复杂。但有一点很清楚：这些电子文件需要进行组织、策划和保存，而且多个机构协作比单打独斗能更好地完成这一项目。

因此，HathiTrust诞生了。HathiTrust的品牌名源于印地语里的“大象”一词（大小、密度和长久记忆的象征），由机构合作委员会（主要包含美国中西部的大型研究型图书馆）和加州大学系统的图书馆成员合作发起。这些图书馆汇集自身资源，为其数字化馆藏创建一个共享存储库，致力于保存和提供这些馆藏内容。一旦HathiTrust组织开始实施，它将邀请其他图书馆和研究机构加入；在撰写本书时，该合作伙伴关系包括五个国家的图书馆联盟（或国家系统）和118个个人图书馆和研究机构。① 此外，HathiTrust包含将近1500万册图书的50亿页文

① https://www.hathitrust.org/partnership.

本（代表约 730 万个独特的标题，因为有些书是多册作品）。在这些作品中，约 39%（570 万）属于公共领域。随着成员图书馆提供其馆藏中的数字化内容，HathiTrust 的数据量将持续增长。

HathiTrust 提供的内容范围和多样性令人震惊。光是这点就值得一提，它保存的图书涉及 460 余种语言，HathiTrust 不仅包括英语、塞尔维亚语、匈牙利语和沃洛夫语，还包括特鲁克语、迪维语、阿尔泰语和阿迪吉语。至于 HathiTrust 图书的时间跨度，书库中最早的出版物可追溯到公元 1500 年前，最近的出版于 2009 年，早于 1500 年的典籍数量接近 2 万，所有这些出版物显然都在公共领域，因此任何接入网络的人都可以完全免费访问。

值得注意的是，这一发展对于如今和未来的学术交流十分重要。近几十年互联网的兴起使许多人习惯了免费获取有效无限价值的信息。互联网不仅使我们能够快速轻松地获得简单问题（“开罗几点了?”“猫鼬长什么样子?”）的答案，也使我们能够在短期内进行相当复杂的工作研究。但是，网上免费获取的大部分内容并非学术信息，其中大部分是大众化的、甚至是通俗的内容，而且很多是转瞬即逝的。HathiTrust 在人类历史上首创了一种曾经连世界顶尖大学的学者都无法使用的学术研究工具，任何接入的人都可以免费使用它。此外，它还创建了一个免费的在线图书馆，其中包含数以百万计的图书，任何人都可以阅读，很多还可以免费下载。只考虑 HathiTrust 中包含的 2 万本公元 1500 年之前的图书：世界上没有任何一个研究型图书馆能拥有那个时期的那么多图书，现在所有人都可以通过互联网阅读和下载这些图书。这种发展对学术的影响确实令人叹为观止。

8.2.2 HathiTrust 的争议

HathiTrust 是否遇到了与谷歌图书项目相似的法律问题? 答案是肯定的。2011 年，作者协会（连同其他几家机构和一些个人版权所有者）起诉 HathiTrust（以及几所会员大学的校长），认为它创建了一个与谷歌图书项目中书名一致的、系统的、协调的、广泛的和未经授权复制和发行的数百万本受版权保护的图书和其他作品构成的巨大数字馆藏，因此可能引发数百万件作品的灾难性、广泛传播，继而损害到图书馆书籍管理的法定框架。原告的基本论点是，这些图书的系统性数字化以及 HathiTrust 随后的使用，创建了一个可搜索的在线档案，“远远超过美国版权法第 108 条的明确限制，也不符合第 107 条规定的合理使用”。①

原告对 HathiTrust 所谓的无主作品项目特别不满（有关版权“无主作品”的概念解释请参阅第 5 章），这个项目在诉讼时仍在计划但未完全实施，如果不是版权所有人的身份不详，收录到的有版权书籍，应该免费供书籍所属图书馆的用户在线访问。② 重要的是，该计划包括一项条款，供版权所有人确认自己的身份和授权请求事项。

无主作品项目本来由密歇根大学管理，但在遭到诉讼后，密歇根州无限期搁置了该项目。③ 然而，在接下来的几年里，原告遭遇了一系列败诉，2012 年以驳回诉讼告终，④ 驳回的是上诉。⑤ 虽然诉讼被驳回，但在撰写本书时，无主作品项目仍处于悬而未决的境地，可能是因为再次启动该项目会引发新的诉讼，且可能不像原来那样轻易或彻底地胜诉。

---

① http：//www. thepublicindex. org/wp-content/uploads/sites/19/docs/cases/hathitrust/complaint. pdf.

② https：//www. library. cornell. edu/about/news/press-releases/universities-band-together-join-orphan-works-project.

③ http：//www. arlorg/focus-areas/court-cases，105-authors-guild-v-hathi-trustif. V-rdsWU34vg.

④ http：//www. arl. org/storage/documents/publications/hathitrust-decision10oct12. pdf.

⑤ https：//www. documentcloud. org/documents/1184989-124547-opn. html.

9 STM和HSS的需求与实践

9.1 STM和HSS

STM代表“科学、技术和医学”，这个缩略词通常被用来泛指所谓的“硬”科学，即那些基于严格实验室实验、具体实验和实验数据产生结果的科学。而HSS代表“人文社会科学”，即更依赖于主观解释和分析的“艺术人文和软科学”，即使是显著数据驱动的研究。所谓的“软科学”通常涉及人类行为的研究：心理学，经济学，社会学等。

不出所料，硬科学和软科学这两个术语有些争议。“软”一词很容易被视为贬义（虽然并非总是如此，但有时的确是这样的）。经济学家和社会心理学家争辩说，他们的研究是基于严格的建模和受控实验，而STM研究人员可能会回应说，这些模型和实验结果只能在一定程度上用主观解释说得通，而物理或化学实验就非如此。

这场争论已经持续了很长时间，可能永不休止——一方面是因为它基本上属于哲学（一个“这些词‘到底’是什么意思?”的辩题）问题，因而难以以任何绝对的方式解决，另一方面是因为利害关系非常高，很难让任何一方退让。基金资助的世界竞争激烈，政府机构和其他资助者为了检验他们的纳税人投资和捐赠资金给现实世界带来的影响，正面临越来越大的压力。因为STM学科经常产出具体的可交付成果，有着明确且易于解释的价值议题（例如有效的药物治疗、高效的汽车引擎、不会倒塌的桥梁）。在HSS领域中，那些经常产生不具有明显实际价值结果的研究（例如，对人群行为的洞察、芭蕾舞和交响乐、诗歌分析）越来越处于劣势，最近美国和英国政府的资助趋势足以给人文主义学者和社会科学家带来恐慌。① 关于应该如何衡量科学、艺术和人文科学的相对价值，公众的辩论将持续激烈，并且一直很重要。

9.2 STM与HSS在学术研究实践中的差异

STM和HSS研究者在探寻各种结果时使用不同的方法工具。例如，在许多STM领域，研究通常是在实验室中进行的，实验室提供了专业设备和严格控制的实验环境。“控制”是一个非常重要的概念，它指的是科学家将观测变量与其他“干扰”变量分离开来的能力，这些变量可能会混淆或污染实验结果及其与待检验假设的相关性。例如，研究特定细菌对小鼠的影响时，研究人员会仔细地将小鼠从那些可能受其他细菌影响的环境隔离开来。控制的另一个方面在于使用“对照组”进行比较。如果将暴露于细菌的“实验组”小鼠的实验结果与未暴露的对照组小鼠进行对比，则该实验将被认为是更有效和严谨的。这种方法降低了被观察到的细菌效应实际上是受到其他因素影响的可能性。

HSS的研究人员在其工作中也采用了广为接受的研究方法，包括使用实验组和对照组，但他们也经常利用定性数据，例如需要研究对象解释其感受或态度的调查变量、对研究对象的访谈（其结果显然必须由科学家解释）、群体动力学的测量（只有在研究人员给出某种解释时才有意义）等。此外，HSS研究对象通常还包括无法直接观测到的事物，其存在甚至可能存在争议。例如，精神的本质以及精神作为与大脑分离的实体存在的程度一直是几个世纪以来困扰哲学家和科学家的难题，然而整个HSS学科领域都建立在精神存在且可以被科学地研究这一假设之上。经济学是一个高度定量的HSS学科，但使经济数据有意义必然涉及对人类态度和行为的推论——而这些推理跳跃有时可能是意义重大的。

值得强调的是，我们应该谨慎对待将具体性等同于有用性或质量的观念。在日常生活中，经济学模型和心理学研究都被证明是非常有用的，并且他们通过实验室实验和对自然现象的直接测度，以重要的方式促进了我们对自己、彼此以及周围世界的理解。同时，STM和HSS也都曾产生过无用的、难以理解的甚至是

---

① https：//www.researchtrends.com/issue-32-march-2013/trends-in-arts-humanities-funding-2004-2012/.

被灾难性地误用的研究结果。

无论什么学科，在过去几个世纪中发展起来的学术交流系统的一个重要功能类似于提供一个过滤器，将无意义研究推向边缘并展示良好的研究。当然，系统并不能完美地执行这个功能，但也很难想象一个完美的系统——重要的是我们要记住，这种筛选和排序是学术交流的重要组成部分。

9.3 STM 和 HSS 在学术交流实践中的异同

STM 和 HSS 领域中的学术交流实践存在很大差异吗？在某些方面确实有很大的差异，但在其他方面却非常相似。STM 和 HSS 的共同点是支持同行评审出版物强烈的文化规范。传统同行评审机制已经在第 4 章深入讨论过，但值得重申的是，同行评议会在作者与期刊或图书编辑人员之间形成评估和学术监督层次。因为没有编辑能成为其所属学科中所有领域的专家，即使可以，也可能出现利益冲突（例如，投稿作者可能是编辑的私人朋友，也可能在编辑担任顾问的公司工作），让可信赖的专家和适合的第三方提供客观的（传统上匿名的）评价对于确保期刊或图书的质量非常宝贵。当然，并不是所有高质量期刊都是同行评审的，也不是所有学术专著出版社都会采用同行评审。但 STM 和 HSS 学科的教职委员会和其他评估机制通常都需要借助同行评审出版物来评估年轻教师的表现。

STM 和 HSS 学科之间一个非常重要的区别在于它们各自对出版物类型和格式的文化期望不同。HSS 学科的一个经验法则是，一名年轻教员不会获得终身职位，除非他在任职早期出版了至少一本由著名学术出版社（通常是大学出版社）出版的专著。此规则并非绝对但通常是适用的。一位年轻学者的第一本书通常以其博士论文为基础，尽管并不总是这样（有关公开学位论文与正式出版物之间交集的更多讨论，请参阅第 12 章）。然而，在 STM 学科中，专著并不是很重要，同行评审的期刊文章才是王道，期刊声望也很关键（学术期刊中有关声誉市场的更多讨论，见第 4 章。）

10 学术质量评价：计量学与替代计量学

10.1 学术交流生态系统参与者对质量的测度

10.1.1 学术评价中的质量与相关性

学术质量的概念是复杂的，因为它具有适用于不同方面的多个维度，取决于相关出版物的类型以及评价背景。同样困难的点在于，质量和相关性都是引导读者和图书馆购买和使用决策的重要标准，但它们描述的并非相同的变量。

例如，想象现在有一本关于19世纪德国建筑主题的学术著作。假设这本书是该主题有史以来写得最好的一本书，尽管它具有卓越的品质，但正在研究社会学、植物学或物理学的人可能并不需要这样一本书。

再想象一下现在有一本关于19世纪德国建筑的学术图书。就算它的质量低于基本标准，它对于正在全面研究建筑文献的人，或是对于为世界级建筑项目的研究人员提供该主题全面书籍（即使其中一些不是真正重要的书籍）的图书馆来说，可能仍然被需要。

上述两种情景都表明，在一些学术使用案例中，相关性是怎样胜过质量的——相关性超过质量的影响可能使书籍变得不那么必要或者更加必要。

有趣的是，对于读者个人和图书购买者以及图书馆来说，质量超过相关性并不常见。一个对建筑没有任何兴趣的人不太可能购买世界上最好的建筑学图书，并且图书馆不太可能购买世界上最好的建筑学书籍，除非采购人员有理由觉得它会至少发挥一些作用（有关图书馆如何决定购买哪些图书和期刊订阅的更多讨论，请参阅第6章）。

期刊和数据库订阅也是如此：个人和图书馆在决定是否购买时会考虑标题的质量，但关键通常在于相关性而非纯粹的质量。当然，期刊、数据库订阅和图书购买之间的主要区别在于后者涉及后续的货币承诺而不是一次性购买。这意味着，虽然购买图书的决定通常只进行一次（后来可能后悔却不能更改），但是订阅期刊或数据库的决策是每年都进行的，每次续订时都可以重新审阅。如果发现订阅效果并不理想，个人或图书馆可以取消订阅并停止付费。

10.1.2 购买与订阅决策的影响因素

我们可以通过查看书籍和期刊文章两大类学术出版物来大体解答这个问题。适用于两类出版物的质量测度方法略有不同。在本章的后面，我们还将探讨作者对质量的评判方式（当他们决定选择去哪里投稿时）、购买者和读者对质量的看法（当他们决定购买什么时）的差异。

影响学术图书质量的两个非常重要的因素是出版商声誉和书评。出版商的声誉对于寻求出版的作者和寻求建立馆藏的购买者（尤其是图书馆）来说都很重要。特别是在人文和社会科学学科中，学术作者通常会尝试选择备受推崇的大学出版社出版他们的书籍——对于出版第一本书的新晋学者来说尤其如此，因为许多学术部门将拥有大学出版社出版的专著作为晋升和获得教职的基本要求。但图书馆也密切关注出版商的声誉，特别是当他们为供应商创建纲目订书简介时（订书纲目如何在学术图书馆中运作的问题已在第6章进行了重点论述）。图书馆注重出版商的声誉，因为一般来说，这是一个相对可靠的大体质量评价指标：就像作者正常情况下都期望在哈佛大学出版社出书以提升其职业竞争力，而不是与美国大学出版社等出版方进行合作一样。所以正常情况下图书馆认为，购买哈佛大学出版社而非美国大学出版社的图书，会增强其馆藏价值。这并不是说哈佛大学出版社从未出版过平庸的图书或美国大学出版社从未出版过优秀的图书——哈佛大学出版社曾出版了比其他出版社更有影响力、更多获奖的书籍，并且追踪记录会对寻求出版的作者和寻找购买书籍的读者及图书馆的选择产生影响。

学术图书出版商的质量追踪记录是如何建立起来的呢？主要通过书评，也可能在较小程度上通过获奖情况。当出版商的图书清单在诸如“泰晤士报文学增刊”“纽约书评”或“科克斯书评”等著名出版物中引发了源源不断的积极评论时，其作为高质量学术出版者的声誉也将不断增长。当它出版的图书在相关学科中获得重要奖项时，也有助于提高该出版社的声誉，成为作者发表作品和读者、图书馆购买图书来源的选择。在书评和获奖两个因素中，书评可能更为重要，因为书评更为通用——就像每个人都理解“泰晤士报文学增刊”中积极评论的重要性，但并不是每个人都会立刻意识到坎迪尔奖的重要性。

另外需要牢记，当涉及图书时，每次购买通常是一次独立的小赌注。图书馆购买一本书，自然是期望其质量和相关性能对图书馆的服务对象有用；购买之后，不需要额外的支出（除了处理和保养费用）。如果10年以后发现购买该书是不明智的，也不可能退货退款。在绝大多数情况下，读者和图书馆购买的书籍相对便宜（与订阅期刊或数据库相比），这也对购买行为产生了影响，图书馆在建立新的订阅时通常要比购买书籍决策更加谨慎。

10.1.3 作者与受众对学术质量的评价

这个问题的答案很复杂，但最终答案是异同兼存。为了给出答案，我们必须回顾本章开头讨论的不同声誉演化。

一方面，学术交流生态系统中的每个人都可能同意牛津大学出版社是一家信誉良好的出版高质量书籍和期刊的出版商。出于这个原因，作者倾向于将他们的书籍交给牛津大学出版社出版，并且读者往往对牛津大学出版社的出版物有相对较高的期望。

在期刊方面，作者和读者更倾向于通过期刊认定质量，而非期刊出版商。例如，期刊《核酸研究》（*Nucleic Acids Research*）被广泛认为是化学领域的顶级期刊之一，因此它是化学家期望发表的期刊，也是相关科学学科的研究人员非常希望获取的期刊。它由牛津大学出版社出版。但是，如果牛津大学出版社要向其他出版商（如Elsevier或Wiley或美国化学学会）出售《核酸研究》（*Nucleic Acids Research*）的版权，那么这种变化本身不会对期刊的声誉产生任何影响（当然，如果出版商发生变化导致主编辞职，那么该期刊的声誉可能会受到影响——但这也可能是员工变化而不一定是出版商变化引起的）。如上所述，作者经常将影响因子作为衡量期刊质量的一种方法，尽管不那么正式的声誉因素也会发挥作用。在大多数学科中，顶级期刊的名称是众所周知的，它们作为发表论文的理想目标不仅受到社会声誉的影响，而且与更多量化方法一样。

然而，在书籍和期刊出版的情况下，学术作者最需要从出版商那里得到的是质量认证，他们需要在能在特定学科获得广泛认可和尊重的期刊上发表文章，使自己的学术成果受到认可。一般来说，相比于出版物的读者规模，这一点更加受到学术和科学作者重视；如果从读者广泛但排名相对较低的期刊和读者人数较少但学术质量声誉较高的期刊中选择，作者们往往选择后者——特别是他们还没有被授予终身教职的情况下。这意味着，质量、影响力和声誉的问题非常复杂，通常不能简化为简单的评价标准。

10.2 期刊质量评价

10.2.1 期刊影响因子的提出

期刊是否采用与书籍不同的质量评价标准？这个回答是毋庸置疑的，评价期刊质量的问题是相当有争议的。在期刊领域，无论是对于寻求发表文章的作者还是考虑订阅期刊的个人和图书馆，出版商声誉的影响比书籍领域要小。期刊出版商通常会发行多种期刊（有时是数百种，少数情况下甚至达到数千种），这些期刊的声誉通常取决于期刊个体而不是出版商。换句话说，无论是由 Elsevier、Wiley 还是美国化学学会出版，出版商对期刊的声誉通常都不重要，尽管所有这些出版商在提供高质量学术成果方面都有稳固的声誉。但更重要的是，一个期刊所具有的影响因子（IF）的高低。

影响因子是一种评价标准，旨在通过计算文章的被引率计算期刊得分来衡量期刊在其学科内的影响力。基于每个期刊过去两年发表文章的被引量来获得年度分数。[①] 因此，如果某一期刊的文章在 2015 年被引用了 1000 次，且该期刊在此前两年（2013 年和 2014 年）共发表了 150 篇文章，则影响因子通过 2013 年和 2014 年期刊发表的文章在 2015 年的被引频次除以 2013 年和 2014 年发表的文章总数计算得到。对于给定的期刊，如果 2015 年的 1000 次被引中有 700 次来自 2013 年和 2014 年发表的文章，则 2015 年的期刊影响因子是 4. 666。

① http：//wokinfo. com/essays/impact-factor/.

自 1975 年 IF 创立以来，IF 在学术领域的重要性很难得到重视——特别是在"硬科学"中。无论怎样，它已经作为期刊质量的快捷评价标准被广泛使用，不仅影响图书馆的购买决策，而且还影响（甚至更具争议性）学术部门的任期、晋升和工资决策。在高影响因子的期刊上发表文章可能成为晋升的条件。因此，影响因子也是作者寻找投稿目标期刊的重要驱动因素，这在一些文化和一些学科中更加明显。例如在中国，学术机构通过现金刺激鼓励教师在高影响因子期刊上发表文章的现象已经相当普遍，但这在大多数欧洲和北美机构中并不常见。中国研究成果的持续爆炸性增长以及中国研究人员在西方期刊上的发文压力——意味着此类实践对学术和科学出版实践产生着越来越大的影响。①

如果影响因子的争议较少，这种发展就不会特别麻烦。然而，近年来，越来越多的声音呼吁取消影响因子，或者要求至少降低它的显著性和重要性。

10.2.2 期刊影响因子的争议

由于多种原因，影响因子被认为是存在问题的。首先，它是一家营利性质公司的商业产品。汤森路透会在每年出版期刊引用报告中计算和发布影响因子。任何由其他实体计算的影响因子都被认为是虚假和非法的，实际上确实有公司试图用完全虚假的影响因子故意欺骗。② 此外，充满掠夺性或欺骗性的出版商常常（更多相关内容的讨论参见第 13 章）宣称其期刊影响因子，实际上只是捏造而来且没有实际引用历史作为基础（当一本仅出版了一年或两年的期刊声称其拥有影响因子，这彻底地违反了规则——只有在非常罕见的情况下，期刊才能在其出版的第三年结束之前拥有合法的影响因子）。考虑到影响因子本身就是营利性出版商的商业产品这一事实，许多人对其公平衡量学术质量的有效性表示质疑。

第二个原因是高被引不一定能作为学术质量或科学有效性的评价标准。对影响因子最严重的批判之一是，引用本身无论怎样也不能代表文章质量，因此用被引数测度期刊的实际学术影响是不可信的。例如，一篇文章可能因其具有开创性学术洞察力被引用 100 次，也可能作为虚假欺骗案例被引用 100 次——无论哪种方式，这 100 次被引将对期刊的影响因子具有相同的正面效果。这是为什么使用

---

① http：//onlinelibrary. wileycom/doi/10. 1087/20110203/abstract.

② http：//www. ncbi. nlm. nih. gov/pmc/articles/pmc4477767/.

相对中性的术语“影响”而非使用更积极术语的原因——影响因子（IF）不一定能表明期刊具有持续性的高质量，但无论其质量高低，它都有助于塑造专业话语权。然而，不可避免的是，影响因子被广泛用作质量的实际评价标准已经十分常见（参见下面的进一步讨论）。从技术上来说，这并不是发布者汤森路透的错，这就好比当有人用锤子建造出了劣质的房屋，只能归咎于锤子制造商。事实上，这仍然是影响因子本身的限制。

第三个问题是影响因子容易被操纵。因为期刊的影响因子由引用决定，并且引用这一操作相对低廉、容易产生，所以人为地夸大期刊的影响因子相对简单。其实，“简单”与“容易”并不是一回事，想要不正当操纵期刊影响因子的人必须面临一个挑战——进行足够多的引用以保证真正产生影响，然而这是可以做到的，一种方法是发表大量的综述文章（概述当前主题的研究现状，而不是提出新的研究），这些文章倾向于吸引大量的引用。①

另一种方法是通过激励作者引用期刊上之前发表的文章，或者如果他们不这样做，就拒绝发表他们的作品。这被称为“强制性引用”，并且通常被认为是学者中特别可恶的现象。② 强制性引用是期刊自引中一种较为普遍的实现形式，这可能是合法和适当的（毕竟，作者的文章引用期刊曾经发表的其他文章并没有错），但为了赢得声望，这样可能会导致故意过度使用。2013 年，汤森路透依据该年影响因子的计算结果，将 66 种学术期刊排除在外，作为其过度自引的惩罚。③

另一种不正当操纵影响因子系统的方式是形成引用联盟，虽然它具有高风险性和劳动密集性。这需要多个期刊或编辑相互联合，鼓励大量进行期刊互引，或鼓励作者引用这些期刊的论文，或拒绝录用不引用这些期刊的论文。④

其他操纵影响因子的方法也存在。

最后一个问题是影响因子测度了期刊影响力，但经常被误解成文章质量的表征。换句话说，具有高影响因子的期刊对其发表的文章赋予了一定的声誉加成。

① http：//chronicle. com/article/the-number-thats-devouring/26481.

② http：//www. bmj. com/content/314/7079/461. 5.

③ http：//blogs. nature. com/news/2013/06/new-record-66-journals-banned-for-boosting-impact-factor-with-self-citations. html.

④ https：//scholarlykitchen. sspnet. org/2012/04/10/emergence-of-a-citation-cartel/.

这正是作者有时被诱导在高影响因子期刊上发表论文的原因。给予这些激励的管理者明白，如果他们能够宣扬其教师每年在影响力为Y或者更高的期刊上发表X篇文章的事实，他们就可以夸耀。如上所述，期刊的影响因子并不一定能说明其文章的实际质量，很多问题仍然存在。但是，期刊的影响因子并没有指明该期刊发表的单独一篇文章的影响。无论整体影响因子有多高，一个特定期刊中仍有许多文章很少或根本不被引用。值得注意的是，严格来说，这个问题并不是影响因子本身的问题：它是由人们误解或滥用影响因子引起的，但通常又被认为是影响因子不应具有如此核心重要性的一个原因。

10.2.3　其他影响力评价指标

影响因子是唯一广泛使用的基于引用的影响力评价指标吗？并非如此。近些年其他指标也有出现。

例如，h-index这个基于引用的评价指标，旨在通过测度特定作者成果的被引模式衡量其在所属领域中的影响力。① 该指标实际上是在跟踪生产力水平和研究人员的影响力（总之是通过被引数量衡量）。尽管它旨在度量个体研究人员的影响力，但也可用于衡量期刊影响力。

另一个基于引用的影响力衡量标准是Eigenfactor。这一指标是由华盛顿大学Carl Bergstrom和Jevin West提出的，旨在衡量期刊对科学社区的整体重要性，②不仅用到被引量，而且还对高水平期刊的引用赋予额外的权重。这个工具还会生成文章层面的排名，称为文章影响力分数（Article Influence Scores），以及作者影响力的排名。它是Google PageRank指标的基础，用来衡量网站页面的重要性。

10.2.4　新兴的评价指标——替代计量

事实上近年来一直在进行一场运动，它在很大程度上企图取代（或至少补充）影响因子，其参与者认为这是更好和更有效评价质量和影响力的措施。随着互联网的发展以及学术和科学出版几乎大规模迁移到在线领域，创建新的影响力测度指标变得更加容易，这一发展很明显地反映在这些新的测度方法中，统称为

---

① http：//www. pnas. org/content/102/46/16569. full.

② http：//eigenfactor. org/about. php.

“altmetrics”。

正如 Cameron Barnes 所解释的那样，① “altmetrics 是一类广泛的统计数据，试图通过非传统方式捕捉研究的影响力”。其中包括从以下来源提取影响力数据：

（1）微博或短消息服务（Twitter）。

（2）社交媒体网站（Facebook，Instagram）。

（3）博客（WordPress，Blogger）。

（4）社交书签网络（Delicious）。

（5）学术书签平台（CiteULike，Mendeley）。

（6）同行评审服务（F1oooPrime）。

（7）学术网络（Academia. edu，Research Gate）。

（8）协同编辑在线百科全书（Wikipedia）。

值得强调的是，altmetrics 通常不基于被引数量或模式。相反，他们试图通过其他方式衡量影响力、质量和重要性——而且大多数情况下，这些方法涉及跟踪社会行为并寻找定量方法来表示。

一个新兴的 altmetrics 是 ImpactStory（以前称为“总影响”），其目的是更全面地描述影响力，以帮助学者更多地了解受众及影响范围。② 作者加入 ImpactStory 并将其成果上传至软件，此时应用程序检索多个网页的应用编程接口（API），以便沿着两个维度检测作者成果的影响力：受众（学者或公众）和参与类型（查看，讨论，保存，引用和推荐）。然后，它会在每个维度上以百分数给出得分。

另一项 altmetrics 服务是 Plum Analytics，它使用现代的 altmetrics 来帮助回答问题，并讲述关于研究的故事。③ Plum Analytics 提供了一套分析服务，包括用于衡量机构知识库的价值的工具（参见第 12 章对机构知识库及其运作方式的讨论）；个人出版物的影响；作者影响力的对比；特定研究资助的影响力，等等。

然后是 DataCite，它为研究数据提供持久性标识符（DOI）。④ 虽然这可能听

① http：//www.tandfonline.com/doi/abs/10.1080/00048623.201410031743? journalCode=uarl20.

② http：//blogs.Ise.ac.uk/impactofsocialsciences/2012/09/25/the-launch-of-impactstor/.

③ http：//plumanalytics.com.

④ https：//www.datacite.org/mission.html.

起来不像是一种度量工具。但值得注意的是，该组织的基本目标之一是“帮助资助机构了解资金的资助范围和影响”。在这方面应该注意到，altmetrics不仅仅能帮助学者和科学家了解他们的工作是否以及如何产生影响，或者衡量期刊的影响力。资助者、研究机构和其他赞助者也想了解他们提供给研究者的资助是否发挥了作用，这种期望为企业家创造了机会，企业能够开发工具来帮助测度受资助的研究对现实世界发挥的实际影响。

altmetrics体系是高度动态的，其中的产品和服务几乎每个月会兴替。是否以及如何衡量学术影响力仍然是一个有争议的问题，因此在不远的未来，这一领域可能仍然变化无常。

11　元数据及其重要性

11.1　元数据的内涵

从字面上看，“元数据”一词的意思是“关于数据的数据”，它指的是各种各样的信息类型。例如照片下方的标题；图书馆书籍的目录记录；对期刊文章的引用；用户在一台计算机软件的下拉菜单中单击“关于此程序”时看到的文本。基本上，如果某一文本主要用于描述或引用其他文本或文档，那么其主要功能是作为元数据被使用。

这个定义看起来似乎非常简单，但它涵盖了复杂的内容。例如，描述性元数据（它揭示文档的信息内容）、结构性元数据（揭示文档的组织方式）和管理性元数据（揭示文档创建时间，允许访问者，文件类型，等等）之间，就存在重要的区别。①

当然，这些不同类型的元数据可以共存于单个文件或文档中。例如，馆藏书籍的图书馆编目记录可以存储书籍的标题（描述性元数据），相关主题标题（描述性元数据），出版日期（管理性元数据），主要文本和介绍性内容之间的页面分布（结构性元数据）以及有关其物理尺寸和装订的信息（描述性或结构性元数据，取决于用户不同的角度）。如果上述例子中的一本书是电子书而不是印刷书，可以进行在线访问。图书馆的编目记录也可能包含一个注释，表明允许访问的用户（“仅适用于大学用户”），这也是管理性元数据的一个例子。

元数据记录可以应用于单个文档或文档集合，也可以应用于非文本的各种文档或信息对象（如照片，录音，数据集，软件等）。甚至有一类元数据是由关于

① http：//www.niso.org/publications/press.Understanding Metadata.pdf.

元数据的数据构成的，因此被称为元元数据，即揭示其他元数据记录的描述以及何时创建该元数据的记录将构成元元数据。①

11.2 元数据的重要性

虽然我们并不总是使用“元数据”一词，但自从我们尝试对信息进行组织以来，我们一直在使用元数据，也就是说，我们已经使用相当一段时间了。图书馆卡片编目就是一个广为人知的元数据（尽管有直接经验的人数不断减少），但是长期以来也有其他收集文件和工具的组织性计划，以便查找信息时有导航可依。

这些文件和工具包括目录，书籍后面的索引，档案查找辅助工具，学术文章开头的摘要，等等。所有这些工具都是元数据的例子，它们都有类似的用途：帮助人们找到他们需要的文件或者在已经掌握的文件中找到相关元素。

经过思考，我们就会明白为什么这种信息如此重要。但自从我们尝试组织信息以来，我们一直在使用元数据，也就是说，我们已经使用相当一段时间了。想象一下，一个没有使用任何方式组织书籍的房间——或者以不直观、不明显的方式组织书籍的房间（大多数学术图书馆馆藏就是这样的情况）。如果不依靠元数据，在异常混乱的大量信息内找到特定书籍的唯一方法就是人工检查每本书，并且在任何特定书籍中找到离散信息的唯一方法就是完整阅读这本书。虽然我们中的许多人都认为浏览书籍或丛书是非常有价值的甚至是愉快的体验，但随机浏览却并不是认真研究特定主题的方法。元数据不仅可以提供文档或文档集合的上下文环境，还可以提供其内容的思维导图。

元数据还具有一项非常重要的功能——将文档链接在一起。这是图书馆编目记录中主题标题的功能，例如：如果您正在查看主题为“英国——政治和政府——1945—1964”的书籍，您将能够通过查找目录中的主题标题来查看其他具有相同主题的书籍。一篇博文通常会有一个可查看的元数据字段，包含相关关键词的列表；单击其中任何一个单词，将显示其他具有相同主题标记的博文列表。在书店网站和在线图书馆目录中，作者姓名几乎也是元数据自身的一部分，当其被点击时，将会显示该作者的其他书籍的记录列表。类似的例子还有很多。

① http://www.metametadata.net.

11.3 元数据在学术交流中的作用

在学术交流方面，元数据可以帮助人们找到相关的文档。特别是在科学技术领域，在网上免费获取文章的多个版本正渐渐成为可能（参见预印本档案的讨论和第2章中的“记录版本”的内容）。面对某一文件，我们越来越有必要快速判断这一文件是否最终的权威版本。元数据使你无须在同一文档的两个不同版本之间进行逐字比较即可作出判断。在这方面，近年来出现了一个新的更重要的元数据工具——数字对象标识符（DOI）。虽然数字对象标识符（DOI）可以应用于许多不同类型的信息对象（并非所有信息对象都必须是数字对象），但它最重要的作用是用作数字学术文献的持久且唯一的标识符，特别是在线期刊文章。① 持久性是数字对象标识符（DOI）的价值核心：在线文章可能会从最初存储它的服务器中删除并移动到不同的在线地址（原链接会成为无效URL和死链接），或者发布它的期刊所有权可能会发生变化（导致过时的元数据），数字对象标识符（DOI）基于不变的文档属性，可以作为该文档与使用数字对象标识符（DOI）作为指示对象的其他文档之间的永久有效链接。数字对象标识符（DOI）的设计目标就是永不过时。

元数据标签还可以快速区分同姓名的不同作者，也可以快速建立同一作者以不同署名发布的文档之间的联系。例如，生物学是一门广泛且研究者众多的科学学科，假设有一位经常在生物学领域发文的科学家名为Susan Smith。世界上有许多名叫苏珊·史密斯的女性，你怎么知道生物学领域署名为苏珊·史密斯的两篇文章是同一作者的作品？又或者，假设Susan Smith通常以“Susan Smith”的名义发布，但有时会发布为“Susie Smith”。为了帮助解决这些情况，开放研究员和贡献者身份认证（ORCID）于2012年问世。ORCID就像人的数字对象标识符（DOI）：不是识别一个独特的文档或对象，而是为每一位文档创建者提供一个唯一的标记，从而可以将该人创建的所有文档链接在一起。②

当然，这些系统都不是绝对安全的。DOI必须按照严格标准创建，才能按预

① http：//www.doi.org/hb.html.

② http：//orcid.org/content/about-orcid.

期运行，并且，只有在其所有者愿意配合时，ORCID 才会发挥效用。如果一个多产的学者仅和 ORCID 签约 15 年，却从未将他的 ORCID 认证信息链接到他签约前所发表的文章，他的各种出版物之间就不能建立全面的联系。但是，这两种工具提供的服务如果按预期投入应用，将会对学术交流生态系统产生重要影响。

12　开放获取：机遇和挑战

12.1　开放获取

12.1.1　开放获取的内涵

1. 开放获取的含义

开放获取（OA）的目的是让所有人都能免费访问学术知识。作为一个名词术语，它经常与“付费获取”相对应。“付费获取”指的是目前学术交流中流行的一种方式，即人们通过付费的方式访问已经发表的学术研究成果，这种方式通常以期刊、订阅数据库和购买图书的形式出现。随着学术出版从纸媒到在线数字领域的戏剧性转变，OA 在过去的大概 15 年里已经成为一个广泛议论的话题。既然如此多的学术成果都是通过数字途径创建和发布的，那么我们就有可能使它变得普遍可用，或者至少让每个能连上互联网的人都能免费获得。印刷形式的缺点使得纸质图书从物理角度和经济角度上无法被数十亿人同时免费获得，但对于网络数字文档来说，显然是不同的，可以在世界各地快速且容易地复制和重新分配，并且每一个副本几乎没有增量成本（但需要指出的是，虽然互联网络使现存文档的复制和重新分配几乎免费，但它没有消除创建这些文档的成本，更多信息见下文）。

OA 运动还与非营利版权运动有联系，因为 OA 的提倡者通常鼓励使用创意共享许可（如第 5 章所讨论的）。因此，不难设想，OA 存在于几个不同获取领域中是非常有用的：它与内容免费可读以及内容免费可用相关。然而，在支持 OA 并认为自己是 OA 倡导者的广大群体中，对重用权的作用存在着明显的分歧

(关于这个问题的更多讨论将在本章后边进行)。

这使我们想到一个要点。重要的是，我们要谨记OA在许多方面是一个有争议的术语：不是每一个人都认同它的定义，不是每一个人都同意哪种程度的OA（不论如何定义）是一种通用的解决方案，也并不是每一个人都同意OA的实现方式。无论是自认为OA倡导者的人，还是对OA持怀疑态度或在一定程度上持反对意见的人，在这些问题上的意见都不一致。

2. OA的正式定义

OA没有正式定义，但最广泛被接受的定义仍然是布达佩斯开放获取倡议（Budapest Open Access Initiative）在2002年制定的定义。①："开放获取"（同行评议的研究文献），我们指它在互联网上的免费可用性，允许任何用户阅读、下载、复制、分配、印刷、搜索，或者链接到这些文章的全文，爬取这些文献并索引，将他们作为数据传送至软件，或在其他任何合法的目的下使用它们，没有金融、法律或其他技术障碍，除了那些密切相关的进入互联网本身的问题。对复制和传播的唯一限制，以及版权在这一领域中的唯一作用，应该是使作者能够掌握其作品的完整性，并有权得到适当的认可和引用。

说这个定义被广泛接受，并不是说它完全没有争议。首先，细心的读者会注意到，它有一个内在的假设，即它只适用于同行评议的研究文献，而不是所有学科的全部学术研究，然而近年来人文学科的OA的规模日益增长。② 也不是所有OA的倡导者都同意无限制的重用权是OA的一个基本元素，也不同意"这个领域中版权的唯一作用应该是赋予作者对其工作的完整性和被适当认可和引用的权利的控制"。③ 我们将在本章后面更深入地讨论其中的一些问题。

12.1.2 付费获取的矛盾

有一种体系经常被轻蔑地称为"付费下载"，即付费者才能查看信息。这种信息的获取方式无论好坏，在整个现代史上都占据主导地位。传统上，即使作者的作品由公共资助，作者和出版商也不会让所有人免费阅读、复制和重新发行。

① http：//www. budapestopenaccessinitiative. org/boai-10-recommendations.

② http：//crln. acrl. org/content/76/2/88. full.

③ http：//poeticeconomics. blogspot. com/2012/10/cc-by-wrong-goal-for-open-access-and. html.

几个世纪以来，人们普遍认为，如果一个人想看一本书或一篇期刊文章，他就得要么自己支付访问费用，要么利用一个图书馆进行访问，那些没有钱或无法使用图书馆的人就无法获取学术内容。

我们很容易看到这个系统的缺点：只要一件东西不是免费的，那些想要但买不起的人就无法获得。它的成本越高，能够使用它的人就越少。如果是无所谓的产品或者奢侈品，如滑雪、度假和犯罪小说，这可能更容易被人接受。但涉及食物、干净的空气和重要（而非娱乐）信息等必需品时，这个观点就很难立足了。

持续千年的印刷时代自文字的出现开始，一直持续到若干年前互联网的出现。在这期间，很难做出一个令人信服的道德论证来支持学术信息的普遍性、免费获取，原因很简单——无论多么理想化，要实现这一概念显然是不可能的。由于信息总是被编码到一个物理对象中，而物理对象的创建、运输、存储和维护费用都很昂贵，任何一个理性的人都不会认为免费向读者提供所有的学术出版物是可行的。

然而，我们不再生活在印刷时代。今天，复制和重新发行现有的学术文件几乎不需要任何成本。把一篇短文或文章放在（免费的）博客平台上，只会花费作者用鼠标来拖拽的时间；在那个平台上，数十亿有网络连接的人都可以通过互联网阅读和下载或重新发布，几乎没有任何直接成本（当然，网络连接是需要花钱的，而且在在线交流系统中也还隐藏着少量的附加成本。但是与印刷时代的人工传播成本相比，网络时代人工传播的直接成本实际上可以忽略不计）。

既然现在信息传播的实现几乎不需要成本，那么在学术信息和那些想要阅读和重用这些信息的人之间收取使用费有什么正当理由呢？

细心的读者会注意到，上面提出的免费传播的场景完全由创建学术产品（比如一篇短文或文章）之后所采取的步骤组成。显然，创建产品的过程中也需要成本，也许成本巨大，而且总是由创建者直接感受到。“付费获取有什么问题？”可能是“什么都没有。收费是为了回报作者的工作，而不仅仅是人工传播的成本”。如果作者的创造性或科学的工作是独立进行的，并花费自己的成本，这个答案就可以被广泛接受。但是，如果公众已经完全或者很大程度上资助了这项工作，情况又会如何呢？例如，一位科学家正在进行由政府资助的研究，或者一位文学教授作为其在公立大学工作的一部分而撰写一篇学术论文时，情况就会如此。在这样的情况下，让公众为获得那项工作的书面成果付费，是否还合理？

自此开始，问题变得复杂，意见发生分歧。很少有人会否认“公众有权阅读其资助的研究成果”是合理的。但在这一简单明了的声明背后，隐藏着一种令人困惑的复杂性：公众通常不希望直接获得他们付费的成果（对公共资助的学术工作的简单描述），而是一个更加精练和经过审查的版本——一个在事实分析之后，由作者或公众以外的实体使其增值之后的版本。该价值通常由出版部分确定，可能包括同行评审、质量认证、编辑细化、格式、准确可靠的元数据、可靠的归档、创建和管理指向引用作品和源数据的活动链接、向潜在读者推销最终版本等元素。支持付费模式的人可能会辩称，如果读者想要增值服务，出版商从读者那里收回这些服务的成本也是合理的。

使这一问题更加复杂的是：不仅是读者想要这些增值服务，而且作者本人也想要。在一个享有盛誉的平台上发表文章可能是职业保障和晋升的必要条件。

但情况继续变得更加复杂，在出版商提供的增值服务中，许多服务不是由出版商直接提供的，而恰恰是由从学术和科学家队伍中招募的无偿志愿者提供的。因此，出版发行同行评审学术期刊的成本并不完全由该期刊的出版商承担。该期刊文章的作者得不到出版商的报酬；为提交的文章提供出版前审查的同行很少会从出版商那里得到报酬；甚至期刊的编辑也经常无偿工作。

为什么作者、编辑和审稿人会免费为他们工作？部分原因是这些工作被认为是他们学术职责的一部分。换句话说，与其说他们是在免费工作，不如说是为他们的劳动付费的另有其人。对于作者来说，在有威望的期刊发表他们的文章产生实际的效益也是原因之一——在学术界，在备受推崇的期刊发表文章是保证职业稳定的关键。编辑和同行评审的工作也会为执行者带来一定的职业效益（在任职期内，学者不仅要服务于大学，而且也要为本学科作出贡献），同时也有益于职业声望。

那么，著作内容、同行评审，甚至是编辑服务都零直接成本提供给了出版商，但这一事实会使对收费访问系统的所有辩护失效吗？这取决于回答者的身份。出版商会指出管理所有这些过程重要的开销；期刊出版隐性开销众多，包括拒绝论文的开销（若无法在其他方面取得盈余，这一开销无法收回）。坚决反对付费访问的人会回应说，这些过程可以更有效地管理，而像传统出版商这样的第三方实体是不必要的，我们需要的是一个新的系统，这个系统可以将与正式出版相关的所有活动向学术界吸引，这些活动将由那些已经获得应得报酬的学术工作者承担。这样，出版的学术成果就可以免费提供了。

在本章中，甚至在本书中，都不可能涵盖关于学术信息的所有问题、争议和潜在解决方案，但还是希望你现在正渐渐明白这一问题的复杂性和广泛性。

12.1.3 开放获取与公开获取

虽然不是每个人都同意 OA 必然包含无限的重用权，但是那些同意这一定义的人通常会在开放获取（它授予公众通常只属于版权所有者的所有权利）和“公开获取”之间作出区分，公开获取这一术语是说访问免费，但不包括授予公众所有版权特权。

随着白宫科技政策办公室（White House Office of Science and Technology Policy）发布备忘录《扩大公众对联邦政府资助的研究成果的访问权》，这一差异在美国引起了极其显著的公众注意。① 这一备忘录要求，任一美国政府机构，如果其每年的研究经费不低于 1 亿美元，就必须“制订一项计划，支持公众获取更多联邦政府资助的研究成果”。这份文件是从公共获取方面而不是开放获取方面精心编写的，特别是因为它只要求研究结果可用于阅读和重新发行，而不要求作者的版权特权被许可给观众。

与这一政策指令有关的重要一点是，政府机构和政府官员以雇员身份直接撰写的文章立即进入公共领域，不受版权限制。研究人员和其他在政府资助下工作或为公立大学工作的人所撰写的成果却不一样。出于版权考虑，一个人的专著或科学成果由政府资助并不意味着其一经出版就是“政府文件”。如果是这样，那么所有政府资助的研究出版物将自动进入公共领域，白宫的政策就没有必要了。

12.1.4 开放获取在 STM 和 HSS 的异同

考虑到这两大类学术之间在出版实践和规范上的差异（关于这方面的更多解释，请参阅第 9 章），学术交流改革的问题和与开放获取相关的问题在这两个领

① https：//www. whitehouse. gov/sites/default/files/microsites/ostp/ostp _ _ public _ access _ memo_2013. pdf.

域之间的看法有些不同。意料之中的是，对于学术交流的逐渐变革尤其是开放获取（OA），在两个领域内人们的看法和评价却不尽相同。

在某种程度上，这种差异来自STM（科学、技术和医学）和HSS（人文社会科学）学科差异性的特征：STM以严格的事实和实验为导向，而对HSS学者来说，解释性和推理性工作更为普遍。STM学科的出版物主要倾向于面向临床实际报道和实验室发现的事实报告或逻辑证明的呈现：重要的不是这些想法表达的方式，而是这些想法本身的事实有效性。一篇STM期刊文章，可能会报告实验室里的发现，从而证明流感疫苗的有效性或证明解决长期存在的数学问题。这类文章的影响和有效性并不依赖于语言的优美或作者创造性的表达。很大程度上，科学家发表论文是为了表明科学发现的主权："我发现了X，而且是在Y这天发现的。"

然而，在HSS学科中，文章的内容往往与作者的解释和表达方式息息相关。一个为霍尔特的诗歌进行论点描述的作者，或者表明以前被忽视的社会科学数据的含义的人，并不是向世界展示一个新发现的事实，而是提出一个论点，这在某种程度上是有争议的。在这种情况下，论证的表达方式是学术本身的一个基本的重要部分。那么，人文主义者发表论文主要是为了提出论点："以下是一些令人信服的理由，让我们相信X是正确的，或者在b问题上表明立场。"

由于这些原因（也包括STM学科研究在公共资金方面的优势等其他原因），OA运动在STM领域取得的进展要比在HSS领域取得的进展大得多。科学作者倾向于把更多的精力放在确立他们的研究结果上，而较少的精力放在严格控制这些研究成果的具体表达上；人文主义作家倾向于对如何传播和重用他们的作品保持一定程度的控制。

当然，所有学科的作者都有（或至少看起来有）兴趣让很多人了解他们的想法：一位科学家对某一特定发现表示主权，是想要该主权得到广泛认可（部分原因是为了防止其他人争夺这一主权）；一个主张对文学进行特定解读的人文主义者希望这种观点能在他的同事中被接受，并对他们产生影响；一位社会科学家认为，我们误解了有关成年人犯罪的数据，是希望自己的观点能影响社会治安。因此，OA的拥护者认为OA的价值主张——尽可能广泛的读者群，通过广泛的重用和适用产生更大的影响——应该具有广泛的吸引力。但是因为学术和科学作者发布的原因不只是简单的信息传播，成本和效益的平衡更加复杂。毕竟，在当前的信息环境下，广泛传播本身对作者来说几乎是免费的：如果一个人只想与公众分享他的工作，他可以简单地建立一个免费的博客，在上面发布他所有的临床发现或学术论点。但是，正如我们在第二章中所讨论的，学术作者想要的——而且从专业的角度来看——不仅仅是一种传播服务。为了使他们的工作得到同事的认真对待，必须由博学多识和公正无私的第三方证明其有效。对所有学科的学术和科学作者来说，这种认证都有很大的价值。他们以压倒性的数量不断将作品提交到限制付费用户访问的平台出版，也证明了对他们来说认证通常比哪怕最广泛的传播也更重要。这在 STM 和 HSS 中或多或少是相同的。

12.1.5 开放获取的不同商业模式对比

1. “绿色”“黄金”“白金”和“混合”OA 的意思

这些术语指的是最常见的商业模式，在这些商业模式下，出版成本可以收回（在某些情况下，还可以实现利润），以便公众免费访问。

“绿色”模型旨在作为对现有出版系统的一种覆盖：在这种模式下，作者一如既往地在传统期刊上撰写和发表文章，但他们也需将文章的副本存入机构知识库（稍后将详细介绍），使所有人都可以免费获得这些副本。通常情况下，存入的版本是作者认定的最终录用稿，而非最终出版版本。这种方式尤其适用于在一段时间内被禁止公开、之后才允许公众免费获取的文章。这通常是为了让出版商有机会在访问变为免费之前出售访问权（下文将进一步讨论为什么可能实施禁止公开及其如何发挥作用）。

“黄金”模式使文章的最终版本被免费提供，没有任何封存期。在这种情况下，出版商的成本通常通过某种机构补贴或通过向作者强加版面费（APC）来抵消。这样，出版商不必通过收取内容的费用来收回成本，并且能够免费提供这些内容。一般来说，黄金模式被认为由作者承担：出版商的收入来自对提交作者征收的版面费，通常（但并不总是）由研究资助基金承担。大多数黄金 OA 文章都是这样，但并不是大多数黄金 OA 期刊都使用这一模型（别担心，这个本章稍后将对此进行解释）。

“白金”OA 是一个新兴术语，通常用于区分基于机构资助或其他类型外部资助的黄金OA，而不是向作者收取费用。在撰写本书时，该术语的使用和应用仍然有些不稳定和不一致。①

在“混合”描述的模型中，出版商为作者提供了一个选择，使他们的文章可以通过OA使公共免费获取，但收录文章的期刊仍是付费获取。如果作者的论文被期刊录用，他可以选择让它像往常一样出版，仅供付费订阅者使用，或者支付版面费并免费提供该文章。术语“混合”指的是当期刊采用这种方法时，对于非订阅的普通公众来说，每一期期刊都是由免费和收费访问的内容拼凑而成的；通常，OA文章会在每期刊物的目录页上被标记出来。

混合模型是有争议的，争议主要源于对“双重付费”的担忧。由于出版商持续收取订阅费，为读者提供期刊的完整阅读权，因此学术界（特别是OA倡导者）猜疑发表混合期刊意味着进行两次支付，一次由作者回报出版服务，一次由订阅者付费获得该文章的访问权。在在线出版环境中，期刊的价格逐渐降低，这一担忧加剧。如上所述，订阅的价格因客户而异，具体取决于当地的机构特征。这使得我们很难判断“混合”是否代表“双重付费”，并导致部分付费客户产生无可厚非的猜疑。尽管一些出版商已经努力减轻这种怀疑，但如果公司不能保持账目完全透明，就不可能完全消除这种怀疑。

2. 绿色、金色和白金OA的优缺点

就像任何出版安排或程序（包括收费访问）一样，每种OA模式都有它的优点和缺点。

绿色OA的优点包括，它使学术内容免费可用，而且（在实施禁止公开的地方）它至少给出版商提供了有限的销售访问权的机会（并不是所有人都会把后者视为绿色模式的优势，但有些人会这么认为）。不利的一面是，它经常延迟公众对内容的访问，免费提供的版本通常不是记录版本，而且如果内容是立即提供的，并且是最终版本，那么它就会对订阅模式构成潜在威胁（并非所有人都会把后者视为不利因素，但有些人会这么认为）。

黄金OA的优点包括，它免费提供学术内容记录版本并且没有延迟。如果由版面费资助，最大的缺点是作者的花费——这些成本可能是巨大的，有时高达数

① https://www.martineve.com/2012/08/31/open-access-needs-terminology-to-distinguish-between-funding-models-platinum-oagold-non-apc/.

千美元。在拥有强大的资助体系的学科中工作的作者通常会将版面费的成本写进他们的资助计划中，期望他们能在黄金 OA 期刊上发表文章。这样，此模式的主要缺点暴露无遗：研究资金会从新研究项目转向成果传播。考虑到美国国立卫生研究院和英国惠康基金会等资助机构预算巨大，这一政策很容易导致数亿美元资金从新研究项目转向别处。

白金 OA 拥有黄金 OA 的所有好处，而不产生新的成本，作者也就不必自己支付或找人支付。白金模式的主要缺点是机会成本太高：如果一个机构正在资助一个或多个 OA 期刊，它必然会放弃其他可以用这笔钱做的事情（然而，由于一个组织所进行的任何项目或计划都是如此，因此将其描述为白金 OA 本身的"缺点"而不仅仅是成本，可能并不完全公平。一个组织所做的每件事都是要花钱的，OA 发布或其任何项目都是如此）。

12.1.6　开放获取的争议

这个问题在学术传播生态系统中引起了相当多的争议。开放获取（OA）的许多拥护者认为，如果一个人因为无法支付学术信息的费用而无法获得学术信息，那么这个世界的学术交流系统就是失败的。这个观点有两层意思，在它看来，学术交流中存在一个危机，这个危机的重点不在于信息的价格，而在于不论想要获取信息的成本是高是低，在信息和想要获取信息的人之间总是存在一个成本障碍。从这个角度来看，开放获取（OA）运动的目标应该是完全消除这些障碍。另一些人（他们也认为自己是 OA 的拥护者）认为，收费并不是问题。例如，非营利学术团体对他们发布的产品收取合理的费用无可厚非，因为他们利用这些活动产生的收入来进一步促进他们组织的学术工作。对于那些持这种观点的人来说，开放获取（OA）应该是关于最小化访问学术出版物的成本和对于重用的限制——而不是完全消除访问成本，因为（在合理范围内）施加这些成本可以达到促进学术的目的。

如上所述，也有一些人认为从定义上讲开放获取（OA）只是同行评审的科学出版物的一种特定属性，而其他类型的学术出版从定义上讲并不属于开放获取（OA）的范围。那些持有这种立场的人认为，由于是这些产品不太可能得到大量公共资金的支持，又因为从其本质上讲，这些产品往往具有解释性和创造性，人文学科的学术成果应遵循不同的规则。

最后还有一点值得强调。有些人主张在 HSS 学科中采用一种不同于 STM 学科广泛提倡的开放获取（OA）方法，他们提出的论点是：在 STM 学科中，最重要的不是对于事实的表达，而是事实本身。例如，一个公共资金资助的研究人员发现一种特殊的医学干预对于治疗疟疾特别有效，研究人员个人的写作风格对成果出版物并不重要，而此类出版的目的也不是给研究者提供一个创造性表达的论坛。然而，一位英国文学教授对 T. S. 艾略特的一首诗做出了一个重要的新解读，并写了一本书来阐述这种解读，那么这种创造性的解读本身，以及这种解读的表达方式，就是这种学术出版物核心的重要特征。对英文教授原创性的作品和疟疾研究人员的发现来说，将作品免费提供给他人用于不加限制的重用会产生不同的影响。我们是否应该将两者的工作成果在同样的开放获取（OA）基础上公开呢?

与许多其他关于获得学术研究成果的问题一样，这些都是有争议的，而且很可能会持续一段时间。

12.2　开放获取期刊

12.2.1　赞助性期刊与掠夺性期刊

赞助期刊可能具有欺骗性，也可能不具有欺骗性，这取决于他们的赞助是否公开透明，光明磊落。如果这二者有任一达不到的，他们都会遭受严重的利益冲突。例如，如果一家医药杂志是由制药公司赞助的，那么赞助人就会希望发表证明其产品安全性有效性的研究发现，而扣留那些发现其产品有安全风险或无效的研究发现。显然，这一利益与该杂志在发表公正科学方面的利益相冲突。

一家公司资助制作和出版期刊，一面声称传达公正的科学，一面却在宣传该公司的产品，这种想法从表面看可能看起来很怪异，是不可接受的。在学术出版界，这样的做法确实被普遍认为是不可接受的，但遗憾的是，它们并不像人们想象的那么罕见。从事这类活动的公司通常会采取措施掩盖他们正在做的事实，并成功运行一段时间，但不久就会被发现——当他们被发现时，科学界总会迅速对其产生负面看法。例如，2009 年有消息称，默克制药公司付钱给爱思唯尔（一家大型科学期刊商业出版商）出版一系列“期刊”，其中包括先前发表的文章和文章摘要，这些文章对默克公司的产品给予了正面评价。① 爱思唯尔和默克公司在博客圈和专业文学领域都受到了抨击——这是理所当然的。

公司是否有可能以一种光明磊落的方式赞助一份期刊，并被学术界和科学界接受？答案可能是否定的，至少不会是绝对的肯定。广告当然是一种被广泛接纳的赞助方式，但在学术和科学出版的背景下，它是有争议的。除此之外，学术界和科学界的普遍看法是，研究成果的审查和出版与商业产品的宣传之间必须泾渭分明。从伦理上讲，允许一家商业企业——哪怕是一家非营利机构——资助一家以发表无私研究成果为目的的期刊的运营，无异于玩火自焚。

“掠夺性”期刊出版现象将在第 13 章进行深入探讨。

12. 2. 2 开放获取特大期刊

特大期刊是一种设计精妙的 OA 社区，目的是充分利用网络提供的规模经济，促进研究成果的发表（这些研究通常在其他选择性期刊上很难发表），并尽可能将更多高质量的学术和科学研究成果免费提供给公众。

与传统期刊（无论是收费获取还是 OA）不同，特大期刊不会因为提交的文章缺乏原创性、预期的低影响或缺乏新颖性而拒绝它们。大型期刊的编辑和同行评审人员只关注方法的可靠性：提交论文的作者是否证明所采用的研究设计是严格建立的，并提供证据表明遵循了可靠的实验室方法？报告的结果是否与实验室设计相符？如果是这样，那么文章就被接受了，留给读者来决定这些结果是否值得他们花时间阅读或在他们计划未来相关研究时加以考虑。

这个模型在许多方面都很巧妙。首先，一些研究成果的发表可能会遭遇重大障碍，但这一模式为它们提供了另一条发表的途径。例如，旨在调查早期发现的有效性（试图通过复制他们）的研究，或得出无效发现的研究——这两者都非常重要。对于有选择性的期刊来说，发表这样的研究占用了宝贵的空间和编辑资源，从而无法呈现新的、令人惊叹的或有讨论价值的研究。但是，由于大型期刊没有空间限制，而且总是由作者通过版面费资助，因此这对它们来说不再是问题，它们的出现为更广泛的有用研究创造了新的动力。

---

① http：//www.the-scientist.com/？articles.view/articleno/27376title/Merck-published-fake-journal/.

之所以起特大期刊这个名字，是因为它们采用的出版模式创造了巨大的规模经济，允许它们每年发表数千篇文章，有时甚至是数万篇。在本章前半段中，我们提到大多数黄金 OA 期刊不收取版面费，但是每年发表的大部分黄金 OA 文章是由作者支付版面费的。特大期刊的崛起解释了这种明显的悖论。少数作者支付版面费的大型期刊每年共发表数万篇文章，而大量的黄金 OA 期刊在不收版面费的情况下发表的文章却少得多，因此大多数黄金 OA 期刊不是靠作者的版面费支持的，但大部分黄金 OA 文章是通过作者支付版面费才得以被公开的。

由于大型期刊总是由作者支付版面费，因此从商业角度来看，这种模式也非常有吸引力。正如第 13 章中提到的，作者支付版面费的融资模式促进论文的接受，而不是拒绝，这会导致垃圾文章（被那些不知廉耻的人）伪装成学术论文出版。它也可以被用来承销货真价实的学术产品的大批量生产。

12.3 开放获取的其他应用

12.3.1 学位论文的开放获取

大学通常在其图书馆中保存本校学生创作的研究生论文和学位论文的副本。20 世纪，随着研究型图书馆的空间变得越来越珍贵（鉴于大多数论文的使用水平相对较低），图书馆开始将论文发送给第三方服务提供商进行缩微拍摄。

随着互联网的发展，论文的在线存储这一比缩微胶片更划算的解决方案变得越来越有吸引力，这也使得公众更容易获得这些文件。如今，越来越多的学术机构论文和文章的管理完全电子化：论文以电子方式提交和处理，然后在线存档，通常也打印一份副本，保存在安全的非公共空间，用于存档。

把论文放到网上解决了很多问题（比如容易获取的便捷性和物理存储的后勤问题），但也产生了其他的问题——尤其是使论文得以被广大群众免费、便捷获取，阅读而带来潜在缺点。虽然这种安排有明显的好处，但对于在学科工作的博士研究生来说，出版的第一本专著通常被视为学术生涯中一个重要的垫脚石，人们一直担心，自由发表论文是否会破坏基于该论文的正式出版书籍的市场。

在这里，我们有必要探讨一下人文和社会科学领域第一本书出版的一些变幻莫测之处。确实，在人文学科中出版学术专著是学术进步的必要条件，虽然这是事实，许多年轻学者的第一本书是以他们的论文为基础的，同样，任何有声望的媒体都不可能没有经过大量的修改就发表一篇论文。但学位出版商是否关心一本书的内容是否基于公开发表的论文，这一点尚不清楚。而这种模棱两可的态度可能会给人文主义学者——博士生带来焦虑，对于他们这些人文学科的学者来说，就业市场竞争越来越激烈，这是出了名的。为了回应这种担忧，许多大学允许研究生对他们的在线论文实施两年或三年的封存期，这样在学生将原稿出售给出版商之前，公众无权获得在线版本。

当然，对于那些提倡增加开放获取奖学金的人来说，这些担忧可能显得偏执和愚蠢。由于令人信服的证据不足，出版商无论如何都会关心提议的书是否基于公开发表的论文，因此作者没有理由如此担心。这两种立场之间的紧张关系有时会在公共场合表现出来，而且其表现方式会相当的戏剧化。例如 2013 年，美国历史协会发表了一份公开声明呼吁历史部门：如果他们选择立即在学校图书馆公开论文印刷本,① 就允许他们的博士生封存论文六年（而不是传统的三年）的这个提议遭到了 OA 社区的重大抗议，并且争议仍在进行。②

12. 3. 2 机构知识的开放获取

机构存储库（IRs）是通常由学术图书馆管理的机构知识库，主要有两个目的。

首先，他们通过存储和管理由主办机构产生的学术文档来发挥档案功能。如上所述，大学图书馆越来越普遍的做法是将研究生论文的电子版存放在图书馆的数据库中，而不是（或同时也）打印下来，储存在图书馆书架上。此外，他们通常邀请教职人员将他们发表在机构存储库的学术期刊上的文章的副本保存在 IR 中，这样他们就可以确定，图书馆将确保这些文章保存完好，长期可用。许多机构存储库还为学术产品提供空间和管理，而不仅是文章，包括视频（如音乐表演或艺术装置）、会议海报和研究数据集。

---

① http：//blog. historians. org/2013/07/american-historical-association-statement-on-policies-regarding-the-embargoing of-completed-history-phd-dissertations/.

② https：//scholarlykitchen. sspnet. org/2013/07/26/dissertation-embargoes-and-the-rights-of-scholars-aha-smacks-the-hornets-nest/.

其次，机构存储库具有分发功能，可使存储的文档在 OA 的基础上向全世界公开，不受限制。一些机构存储库平台追踪使用数据，允许图书馆向在本机构中储存作品的作者报告其作品的下载量，甚至报告其作品的使用来自世界何处。图书馆也越来越经常自行充当白金 OA 期刊的发布者，使用机构存出库作为文章的存档和生产地（这将在第 6 章中详细讨论）。

需要注意的是，当涉及期刊文章时，存储在机构存储库中的通常不是记录的版本。一些出版商允许作者通过存储库公开记录版本，而有些则只允许作者存储已接受的手稿。另一方面，一些资助机构要求对于其资助的研究成果文章，必须以记录版本公布于众，可以创作完成后立马公布，也可以在封存期之后。也有资助机构可能只要求保存已接受的作者手稿（有关版本控制问题和“记录版本”概念的更多讨论，请参见第 2 章）。

12.3.3　学术专著的开放获取

如上所述，最被广泛接受的定义里 OA 仅适用于同行评议的研究文献中，在人文学科等其他学科中，核心学术成果常常是图书而非期刊文章。无可厚非，作者和出版商也可以采用 OA 原则出版图书，并将学术成果描述为“开放获取（OA）”。事实上，这种情况已经发生好几年，在本书写作之时，这种现象正发展迅速，势头强劲。

近年来，这些方面有几项值得注意的举措。其中之一是 Knowledge Unlatched（KU），它在传统出版商、资助机构和图书馆之间建立合作伙伴关系。①：出版商提供即将出版的图书作为“解锁”的候选项，参与图书馆承诺支付一定数量的资金，用于支持图书的出版成本。如果承诺支持一本书的图书馆足够多，这本书就会被发布并永久免费提供（pdf 格式）。随着越来越多的图书馆承诺，每个图书馆的成本下降，因此，图书馆可能承诺支付 40 美元的图书出版费用，但最终支付的费用将少于其他图书馆承诺的费用（承诺金额上限，因此图书馆永远不会被要求支付超过其承诺的费用）。结果基本上是所有人都可以免费获得资助的电子书。书籍的打印副本和增强版本也可以购买，但基本的 pdf 版本可以在线获得。

① http：//www.knowledgeunlatched.org.

另一个重要的 OA 专著项目叫作 Luminos 项目，由加利福尼亚大学出版社管理。① 在这种模式下，作者贡献图书出版成本的一半左右（出版社按计算平均 15000 美元，即标准作者费用是 7500 美元），其余的成本来自出版社，支付会员费的图书馆和印刷书的销售收入。重要的是要注意，此项目中选拔出版图书的标准与传统出版模式相同，并且作者不需要为了其图书能够在加利福尼亚大学出版社出版而参与 Luminos 计划。

Lever Press 采用了一种截然不同的模式，该模式源于密歇根大学，阿默斯特学院和欧柏林文理学院之间合作的项目。② Lever Press 从其所有的成员机构（一般是那些从收购资金中调拨款项的图书馆）汇集资金，支持出版 OA 专著，而不是对作者收费或从集团外部募集捐款。最终的图书将在 OA 的基础上提供给公众。这不仅使参与者免费向世界提供高质量的学术内容，而且还使没有大学出版社的小型学院可以成为学术专著的活跃生产者。但就 Lever 出版社而言，专著本身并不是最终的重点——尽管该项目的初始阶段预计将相对地以书籍为中心，但该集团计划将其产品线扩展到新的、不同的学术呈现形式和类型。

书籍出版带来了一系列挑战，因此在未来我们可能会看到更多类似的项目，而且形式和内容应该会更加丰富多彩。

12.3.4 研究数据的开放获取

“开放存取（OA）”是否适用于传统文章和书籍以外的研究成果？是适用的。近年来，人们一直对研究数据集这一领域特别感兴趣并投入了大量精力。“开放数据”这一话题目前引起了激烈的争论，争论的形式与开放存取研究出版物的形式有所不同，造成这种情况的原因有很多。

首先，非常重要的一点是，数据通常不受版权保护。你不能为一个事实或一个想法申请版权，只能为表达一个事实或一个想法的记录申请版权——只能是记录下来的事实或想法的拓展。例如，熊是哺乳动物这一事实本身不能申请版权，但一位作者原创性解释熊类为什么是哺乳动物的原始书面作品则受版权保护。一个人可以在不侵犯这位作者版权的情况下，对同样的一般事实作出自己的解释，

① http：//luminosoa. org.

② http：//leverpress. org.

但若在自己的出版物中逐字逐句地重复这位作者的解释很可能会侵犯其的版权(也可能构成剽窃。有关版权和剽窃之间交叉关系的更多信息，参见第5章)。

不过一旦我们开始关注为了特定的目的而聚集在一起的事实汇编——简而言之，数据集和数据库——版权问题就变得有点模糊了。在版权法中，即使构成汇编作品的各个组成部分本身不具有著作权，但当编纂工作需要耗费大量的人力和费用时，版权法也会对事实或数据的汇编作品提供一定程度的保护，但这些规定在不同的司法管辖区中并不一致。自1991年菲斯特案（费斯特出版公司诉乡村电话公司案）判决以来，美国对非创造性的事实汇编（如按居民姓名字母顺序排列的电话号码）几乎没有给予任何版权保护。① 在其他国家，事实汇编或多或少受到著作权法的保护，这就是通常所说的“辛勤工作”原则。该原则认为，考虑到数据汇编投入了大量的劳动，数据汇编应该得到一定程度的版权保护。②

在某种程度上，版权法在涉及数据集时可能模棱两可，开放存取（OA）运动的一个分支尤其关注并鼓励将研究数据的开放作为一项政策。研究资助者不仅越来越多地要求资助对象向公众免费、不受限制地提供他们资助的研究的书面结果，也越来越多地要求免费提供基础数据。

让研究数据免费可用——不仅供审查，而且供重用——至少给公众和整个学术界带来了两个重大好处。首先，允许其他人查看已发表的研究报告所依据的数据，这使其他学者和科学家更容易看到原始研究者是如何得出结论的。这可能对其他学者和科学家具有启发意义，而且（更重要的是）还可以检查出草率或不道德的数据分析和解释。其次，它允许其他研究人员重用数据，不论是用于重复之前的研究，或是用于进行全新的研究。潜在的有用性是巨大的。

然而，开放数据计划在带来巨大收益的同时也带来了巨大的成本。某些学科可能会产生巨大的数据集——在某些情况下可能是TB级的。存储的成本可能非常高。就算存储问题得到解决，数据治理和管护的问题仍然存在，这对后勤和专业性可能是一个很大的考验。开放数据需要的不仅仅是数据良好的存储，还包括使存档数据可查找和访问。可查找性取决于元数据——使搜索引擎和人们能够找到信息经过编码的数据描述符。一旦数据存在，使数据可访问就意味着对服务器

---

① http://caselaw.findlaw.com/us-supreme-court/499/340.html.

② https://en.wikipediaorg/wiki/sweat_of_the_brow.

和网络的持续管理。存储的数据越多，对工作时间和网络集成的压力就越大。与已发表的研究结果一样，开放数据不仅不是免费的，甚至远谈不上便宜。那么，一个重要的问题是如何支付这笔费用以及谁来支付费用。这些都是需要随着时间的推移加以解决的难题，对这些问题的决议可能因情况和背景（以及司法管辖权）而有所不同。学术界和科学界解决问题的方法总是有争议的。

13 学术交流中的问题与争议

13.1 期刊危机

在过去的几十年里，学术期刊（尤其是STM学科的期刊）的年度价格上涨超过图书馆预算增长，其程度之甚，图书馆员、其他观察人士和学术传播生态的参与者一直在对此表示担忧。学术和科学期刊的价格一般每年上涨5%至6%，其中科学期刊的平均价格涨幅略高，人文学科期刊的平均价格涨幅略低，同行评议期刊和非同行评议期刊之间也存在显著差异。①

近年来，随着可获得的期刊数量激增，出版刊物出现捆绑式销售（也被称为“大额交易”，将在下文提到），上述价格变化变得更加复杂。这有助于降低期刊订阅的单位成本，同时增加图书馆在订阅期刊内容上的实际花费。② 这个问题继而引发了关于订阅危机的现实性和重要性的争论。一些观察者指出，如今图书馆在每篇期刊文章上的实际支出要比以前少，图书馆的预算压力来自爆炸式增长的研究成果，而不是单位成本的增加。③ 图书馆方面的一种回应是，虽然每篇文章的单位成本可能不会上升，但图书馆正承受着越来越大的压力，这是由于被要求以捆绑的形式购买文章（无论是期刊还是打包），而这些捆绑购买的成本还在继续上升。④

---

① https：//www. ebscohost. com/promomaterials/ebsco_2017_Serials_Price_Projection_Report pdf? -ga = 1. 114315076. 2126980745. 1477713241.

② http：//www. infotoday. com/it/sepll/The-Big-Deal-Not-Price-But-Cost shtml.

③ https：//scholarlykitchen. sspnet. org/2013/01/08/have-journal-prices-really-increased-in-the-digital-age/.

④ This author's comment in response to Kent Andersons blog post cited immediately above.

另一些人则认为，图书馆预算跟不上期刊价格上涨的唯一原因是大学拨给图书馆的预算越来越少。① 还有一些人认为，几十年间，人们早已认识到这一问题，并不断采取相应措施，因此这种市场变化远称不上是“危机”。但是，无论我们是否把这种市场动态称之为“危机”，这个观点并没有回答如何处理图书馆预算和期刊的价格趋势之间确实存在且毫无争议的巨大差异。

另一个加剧期刊价格争议的因素是，在网络环境下，期刊价格变得既多变又不透明。在印刷时代，出版商通常对每本期刊收取单一价格。一家图书馆无论是为大型研究型大学服务还是为小型文理学院服务，机构订阅《美国医学会杂志》的费用都是一样的。这一现状在很大程度上反映了两个事实：一是对出版商来说，制作、邮寄实体期刊的费用是固定的，无论订阅机构是大型研究型大学还是小型文理学院；二是出版商不提供期刊访问的后续服务的事实——提供归档和后续访问服务是图书馆的工作。

然而，随着期刊内容迁移到线上，两件非常重要的事情改变了：出版商开始向各个学校的用户提供大量的访问权，并且出版商（而不是图书馆）成为对订阅内容的存档和持续性访问的管理员，以及购买和管理这些期刊存档所在的服务器。对出版商来说，维护和管理在线访问当然会带来新的成本，可以预期，这种成本会反映在更高的定价上；对用户多和用户少的学校的不同服务定价更加具有争议性。然而，出售在线访问服务也使期刊出版商的定价方式不再拘泥于产品创造的成本，而是开始考虑产品的价格。基于所有这些原因，在线期刊直接定价的情况越来越少；相反，更多的情景是，有兴趣订阅的图书馆联系出版商寻求报价，出版商再提供定制化的价格。定价主要参考因素有：出版商根据图书馆预算预测的图书馆意愿价格、图书馆所服务的学生数量以及当地研究和教学的需要。

关于期刊危机的现实、意义和未来的影响，争议将会持续存在。当图书馆开始大量取消订阅，围绕这一主题的问题才可能开始被认真对待——这一情况被不断预测却从没出现过，至少部分是因为图书馆重新分配了以前用于购买图书的资金，用于保留期刊订阅（更多见下文）。然而，很难看出如何能够永远地避免期刊危机。

① https：//scholarlykitchen. sspnet. org/2014/07/22/libraries-receive-shrinking-share/.

13.2 图书馆资金的重新分配

“期刊危机”还有另一个层面，虽然获得的关注度低于期刊价格和图书馆预算之间日益增长的差距，但也使学术交流圈恐慌不已，那就是这一差异导致的最终后果：图书馆资金从购买学术图书转移向其他用途。ProQuest 在 2016 年年初发表的一项研究发现了图书馆购书支出的两大趋势。首先，用于购买专著的预算越来越少，以便腾出资金来维持日益昂贵的期刊订阅；其次，在图书馆剩余的图书支出中，电子书（而不是纸质书）所占的份额越来越大。①

促成这两个趋势的主要因素至少有两个。

首先，单个图书通常比订阅期刊或数据库订阅费便宜得多，这意味着比起订阅的期刊，积极响应老读者购买图书的请求要容易得多。在大多数学术图书馆，即使是资金非常有限的图书馆，当一位读者问“你们愿意购买这本 75 美元的书吗”，回答往往是“是的”。相比之下，在大多数学术图书馆（即使是那些资金相对充裕的图书馆），当一位读者问“你愿意以每年 800 美元的价格订阅这本期刊吗”，答案或许是“我们会在之后回复您”。在资金限制的极端情况下，人们可能会想象，一个图书馆完全不再购买图书，除非是为了响应特定的读者请求（在第 6 章中，我们讨论了顾客驱动和需求驱动的购书模式，这实际上使购书制度化）。乍看之下，面对期刊订阅量的上升，图书购买的相对容易性似乎会导致图书馆购买更多的图书，但实际上这意味着图书馆越来越随心所欲地主动性和预测性地放弃购买图书，而等到需求明确出现时才进行购买。

其次——也是更具争议的一点——期刊内容往往比书籍使用得更多，尤其是比学术图书使用得更多。在过去的 20 年里，在一些领域期刊得到了更加频繁的使用，同时研究型图书馆的图书流通量却在迅速下降。② 这种观点之所以有争议，部分原因在于这种趋势并不普遍；在一些研究型图书馆（虽然不是很多），这种情况并没有发生，而在文理学院和综合性大学，实际情况更为复杂。这种观

① htp：//contentz. mkt5049. com/lp/43888/438659/d187_Ebooks_Aquisition _whitepaper_v5. pdf.

② http：//lj. libraryjournal. com/2011/06/academic-libraries/print-on-the-margins-circulation-trends-in-major-research-libraries/.

点是有争议的，也因为它会带来麻烦；图书馆员不愿认为学生用书越来越少，许多图书馆员和学者担心图书使用量下降会影响大学出版社和学术领域作家的未来。然而，这一趋势不可否认，目前并不清楚我们可以（或应该）做些什么来扭转这一趋势。

13.3 期刊订阅的大额交易

期刊出版目前还没有，也可能永远不会完全脱离印刷，进入在线领域。然而，学术期刊出版已成为压倒性的线上企业，这一转变对编辑流程和访问模式产生了深远的影响。这些影响中最具破坏性的一个是出版商期刊包的出现，也被称为“大额交易”（常常是戏谑意味）。

一笔“大额交易”通常是这样运作的：出版商将向图书馆提供以下报价。假设这家公司出版了100种期刊，如果一家图书馆单独订阅这些期刊，其总成本将是10万美元。假设这家图书馆订阅了其中的40种期刊，每年为它们支付4万美元。出版商清楚地知道几乎不花任何额外成本，就可以向图书馆的读者提供使用本出版社的所有在线期刊，因此会向图书馆推荐完整的期刊清单，只收取少量的增加款项，这种策略常常会很有优势——比如，增加额外的20000美元用于访问整个目录。如果成交，该图书馆将为支付6万美元获得价值10万美元的期刊。

然而，通常有一个陷阱：如果图书馆接受了这一提议，它必须同意以后不从其原始目录中取消任何订阅（这样就可以偷偷地以2万美元的价格获得100种期刊的全部目录）。因此，图书馆签订这些协议虽然有显著的好处（可以通过每份很低的价格来访问大量的新杂志的内容），但也会陷入一份限制重重的合约（不能自由挑选出版商的产品，或者减少在该出版商期刊上的花费）。更复杂的问题是，一个图书馆为“大额交易”支付的价格，很大程度上取决于它在进行“大额交易”时，已经从出版商那里订购了多少内容——因此，如果一个图书馆只订阅了我们假设的出版商的100种期刊中的10种，那么它很可能会从这笔“大额交易”中获得比之前订阅了40种期刊的图书馆大得多的边际效益。然而，很难说情况是否如此，因为此类期刊包的定价总是保密的，并受到保密协议的保护。

“大额交易”这个术语好像是在肯尼斯·弗雷泽的一篇名为《图书馆员的困

境：对“大额交易”的费用的深入思考》的文章中提出的。① 在他的文章中，弗雷泽列出了与这个模型相关的一些挑战，将它所造成的情况与囚徒困境进行比较。在囚徒困境中，“个人的理性行为会导致人们出于自利的目的变得更糟”。这种交易极具吸引力，而且在许多情况下，就每篇文章的成本而言，确实提供了卓越的短期价值。然而，这样图书馆会不得不为一个特定出版商支出随年增长的巨额开销。陷在这种合约，图书馆的预算会逐渐向特定的出版社倾斜，而图书等其他产品的预算会越来越少。

图书馆关注“大额交易”还有其他原因。首先，期刊订阅被图书馆客户取消的可能性越小，出版商维持期刊质量的动力就越小，而被锁定在“大额交易”中的客户越多，问题就越严重。此外，一些图书馆员担心，出版商实际上是在出版新的低质量期刊，以充实他们的期刊标题列表，让他们的“大额交易”看起来比实际更大、更好——尽管这是一个很难证明的假设。

这就是为什么“大额交易”是个这么大的问题。对图书馆和出版商来说，风险都很高。在一些研究型图书馆，每年的“大额交易”金额高达数十万美元，在一些规模更大、资金更充裕的图书馆，这一数字甚至更高。花费非常高，每年都在继续地增长，而且几乎总是以远远高于任何图书馆预算年增长率的速度增长。这意味着图书馆每年必须少买一些其他的东西来继续为这个“大额交易”买单。但是除了整个取消“大额交易”，图书馆无法降低这方面的花费——在很多情况下，这样做会让依赖相关期刊的教师和学生深感烦恼，而且，在某些情况下，拆分“大额交易”并只订阅最频繁使用的期刊，甚至会比继续支付“大额交易”花费更多图书馆的资金。这确实是一个让许多图书馆员（甚至一些出版商）失眠的难题。除非彻底颠覆现存学术交流体系并用完全不同的模式取代，很难看到这个问题的解决方案会是什么样子。这设想将在本书的后面讨论。

13.4 不同视角下纸质书与电子书的对比

诚如所料，这个问题的答案并不简单。唯一可能的答案是“这要视情况而定”，而这取决于一个人的观点，以及图书在他作为读者、出版商、图书馆或研

---

① http：//www. dlib. org/dlib/marcho1/frazier/03frazier. html.

究人员的工作中所扮演的角色。我们将从这两个角度来看电子书和纸质书的优缺点。

1. 出版商视角

对于出版商来说，纸质书带来了一系列严峻的挑战。首先，纸质书通常是按预定数量印刷的：出版商先预测该书的销量，并印刷相近数量的书籍。不可避免，这个数字总是不准确：要么销售完（在这种情况下，出版商必须决定是否印刷更多），要么销售不完（在这种情况下，出版商剩余的部分必须丢弃或以大幅折扣出售）。另一个挑战是印刷、仓储和运输的高额成本。

对电子书来说，这两个挑战都不复存在了。因为不需要打印、运输或仓储的产品。但是，电子书这一形式也有自己的挑战。首先，电子书没有统一的标准格式；电子书格式很多，出版商不得不艰难选择以哪一格式显示其电子书产品。另一方面，电子书的创作需要一整套全新的技能和不同种类的固定设备，所有这些都需要花钱建立和维护——出版商需要在持续提供印刷书籍的同时做到这些。归档和管护方面的挑战也很大，在电子书领域，出版商所承受的期待是能解决自己出版物的这些问题（同时允许其他团体，尤其是图书馆，也能履行这一职能）。

2. 图书馆视角

如果说有什么不同的话，那就是图书馆对电子书的态度甚至比出版商还要摇摆不定——尽管他们已经开始大量购买电子书。几个世纪以来，图书馆行业一直被认为是印刷书籍的保管者，图书馆的建筑就是为了这个明确的目的而设计的。这意味着，对于图书馆来说，如果从印刷材料转向在线材料，就需要认真反思日常工作流程和一定程度上深层次的专业目的。的确，电子书使图书馆面临特殊的挑战，因为电子书的购买更像是订阅而不是直接购买：当图书馆“购买”电子书时，它通常购买的是或多或少永久地访问其他地方保存和维护的内容的权利，而不是有本地控制权的实体对象或电子文件。另一方面，电子书为图书馆提供了一个无与伦比的好处，让读者无论身在何处都能阅读，让多位读者可以同时使用这本书，还提供了图书的全文检索功能，对纸质来说这是不可能实现的。图书馆也可以打包的形式购买电子书，这往往价值显著（以每本图书成本衡量），但也造成了显著的效率低下（因为包内总是同时包含想要和不想要的内容）。电子书也使需求驱动的获取（关于这一概念的更多讨论见第6章）成为可能，这个问题也使图书馆员对电子书十分摇摆不定。

3. 研究人员视角

在此场景中，我们将把“研究人员”定义为需要对查阅书的内容而不是从头到尾阅读的人——换句话说，他们与下面介绍的“读者”不同。研究人员想要在正文中找到散落的信息片段，因此更多地把书当作一个内容数据库，而不是寻求线性的沉浸式阅读体验（应该清楚的是，阅读和研究并不是相互排斥的，它们都是有效且有价值的阅读方法，根据场景，其中一种方法可能比另一种更合适，也可能更不合适）。对于研究人员来说，电子书提供的好处多于坏处。对研究人员来说，电子书主要的两个优点是其可搜索性和便携性。研究人员可以搜索整本书的文本，寻找单个的单词或短语，而不是依赖于索引（索引的粒度可能不足以满足研究人员的目的，也可能不像特定的研究人员那样定义概念）。在大多数情况下，这比印刷书籍有很大的优势。电子书的便携性也是一个巨大的优势：一个学者只要能上网，无论身在何处，都能访问其图书馆的在线藏书。

4. 读者视角

对于读者来说——那些希望以一种身临其境的、线性的、延伸的方式阅读一本书的人——电子书可能有最棘手的矛盾的两面性。一方面，电子书阅读器技术的进步使屏幕阅读比以往任何时候都更加舒适。电子书的便携性也很重要，在这方面，相比于一本纸质书，Kindle 电子书阅读器并没有更方便，但是相比于五十本纸质书，Kindle 明显要方便得多。因此 Kindle（连同其竞争对手的设备）对于商务旅客，游轮乘客和乘坐公交通勤的人具有很大的便利。消费类电子书通常也比纸质书便宜，而且不占家里的书架空间。另一方面，对许多人来说，阅读纸质书是一种感官享受：装订的质感，纸张的味道，翻动书页的感觉。这些都是电子书所不具备的。当然，纸质书也不会面临电池耗尽的问题（尽管在黑暗中纸质书难以阅读）。

所有这些特性和利弊综合起来错综复杂，且没有简化的迹象。电子书和纸质书处于一个不太和谐的共存状态中，它们各自满足不同的人在不同的阅读和研究背景下的不同需求，这意味着尽管电子书肯定会存在，但它们不太可能在短时间内使纸质书消失。

13.5 同行评审的争议

正如第 4 章所讨论的，同行评审出版长期以来一直是大多数学科学术出版的黄金标准。同行评审是指关于某一主题的文章不仅要提交给编辑进行审核和检查，还要提交给和作者处于同一研究领域的一个或多个其他学者，以评估文章的相关性和意义及其方法和论证的质量，并建议是发表、修改还是拒绝。作者希望在同行评审的期刊上发表文章，因为这样做是在向他们的同行表明他们的工作质量是最高的，而同行评审出版通常对学术人员工作的获取和保持至关重要。

但这起作用吗？同行评审真的能确保最终的出版物拥有高质量吗？

答案当然是“视情况而定”。首先，并不是所有承诺严格进行同行评审的期刊都能做到这一点。直接谎称自己做了同行评审的出版社相对较少，但有些出版社对评审过程的管理非常糟糕，导致论文被搁置数月甚至更长时间。也有一些同行评审人承诺提供严格的评审，但实际上对分配的论文只进行粗略的审查。一些期刊和出版商，只提供劣质或子虚乌有的同行审查，试图做好伪装但失败了；不幸的是，其他人成功地活跃地歪曲他们的评审过程（更多关于欺骗性期刊出版的问题，见下文）。

以上所有的讨论都是关于学术期刊的同行评审，但值得再次指出的是，学术专著在发表之前也经常要经过同行评审。

还有一个相关的问题：一篇论文或一本书是否必须经过同行评审才能代表其是高质量的学术成果或值得信赖的科学研究？这个问题的答案显然是否定的。同行评审往往受到学者和读者的重视，不是因为它是高质量的保证，也不是因为它是保证质量的唯一途径，而是因为他们认为这是一种普遍且有效的体系——或者至少要优于其他大多数的替代体系。

13.6 学术出版物的影响力评价

不仅要衡量期刊文章的质量，还要衡量它们的实际影响力，这个观点越来越具有争议。

质量和影响力之间的差异是一个重要的原因。质量说明了一篇学术论文的内在价值：它的论点是否合理，是否写得好，研究方法是否遵循公认的科学规范，结论是否来自数据，等等。质量评估通常在期刊或图书出版前由出版商的编辑人员进行。事实上，编辑人员（包括同行评审人员）的最终目的是确保出版商或期刊挑选出与目标读者相关的高质量作品（当然，相关性或领域是一个特别重要的标准：一篇关于比较语言学的文章无论写的有多好，都不太可能发表在化学期刊上）。

影响力完全是另一回事。当我们衡量一份期刊的影响力时，我们会试图弄清楚它是否以及在多大程度上影响该领域或其他领域的思考和出版。出版物可能质量很高，但实际影响力很小（例如，如果它涉及的主题领域过于深奥，那就没有人阅读）。

关于影响力的一个难题是，对影响力的衡量是困难的。传统的影响力测量工具往往侧重于期刊，被赋予衡量影响力的因素是期刊，而不是独立的文章。这是替代计量运动寻求改变的另一个领域。

衡量影响力的另一个问题源于上面提到的影响力和质量之间的差异，以及"影响力"是一种价值中立的度量指标。一篇很糟糕的文章可能会对该专业产生巨大的影响，这可以通过引用来衡量（所有引用都是其他作者把该文章作为反面示例），但它对该学科本身的发展没有任何实质性的影响。

第 10 章将进一步讨论有关学术出版的影响和其他参数的测量问题。

13.7 学术期刊的广告刊登

许多学术期刊不接受广告，依靠读者或图书馆支付的访问费用（以订阅的形式）来获得资金支持。然而，也有许多确实接受广告的期刊，遍布不同的学科和研究领域。例如，《音调》（音乐图书馆协会季刊）在每期的末尾都有一整版加半版的广告。广告客户包括音乐出版商、销售商和其他的产品在期刊上被评论的商业公司。在科学领域，《自然》《英国医学杂志》和《化学教育杂志》等期刊都接受广告。

如果学术和科学出版物接受某公司的广告费，而同时出版物中又有这些公司产品的评估或报道，由此产生的利益冲突该如何处理呢？

答案是，他们以不同程度的谨慎态度成功地做到了这一点。在新闻业，长期以来一直有一种传统，通常被称为“政教分离”。在这一规则下，“教会”是出版商的编辑部门（决定出版什么和监督出版的写作），“政权”是指广告部门（决定接受什么广告和向广告主收取多少费用）。一直以来的观点都是，出版商的这两个部门应相互独立运作，组织设置需要特别谨慎，不要让“政权”方面影响“教会”方面。换句话说，如果期刊的编辑们正在审阅一篇基于一项研究的文章，该研究显示了吸烟的医学危害，那么广告部门不应该为了讨好烟草行业潜在的高额广告商而取消发布这篇文章。

可以想象，这是（而且一直是）一个不完善的制度，出版商在维持政教分离方面总是成败参半。

13.8　掠夺性出版

13.8.1　掠夺性出版的含义

互联网的兴起给出版业带来了翻天覆地的变化，尤其是在学术交流方面。其中一项大大降低了进入出版业的门槛。在印刷时代，成为出版商并不容易：这不仅意味着要组织和实施编辑和审查程序，而且意味着要购买必要的设备，并要耗费大量的费用与印刷商和分销商建立关系。编辑和审稿工作都需要专业技能，出版物也必须经过设计、布局和排版。随着自行创建网页的简易工具的开发和广泛使用，网页已经成为一个相对价格低廉又简单易行的创建在线出版物的方式——不过不幸的是，现在发行一个看上去像是、感觉像是合格学术出版物的在线出版物也变得既便宜又容易，即使它实际上不过只是一个交易场所，哪怕多么假冒伪劣，甚至毫无意义的学术成果都可以在上面发布。

然而，人们这样做的动机是什么呢？即使将其推入市场几乎没有成本，但一个出版商怎么能通过供应劣质产品来牟利呢？

为了回答这个问题，我们必须回顾和研究一下学术传播生态系统最为决定性的复杂性之一：出版商向不同的学术团体成员销售不同的产品和服务。出版商向读者（或图书馆等为读者提供代理访问服务的机构）出售产品——如图书或期刊——以换取收入。他们向作者提供出版服务，以换取作者作品的使用权的销售权。读者和图书馆付费获得使用权，而作者用版权交换出版服务。

然而，互联网使另一种不同类型的商业模式的实现变得容易，这种商业模式通过向作者出售出版服务，并将最终出版的内容免费提供给读者，从而改变了传统的访问和服务模式。可以肯定的是，"虚荣性出版"已经存在很多年了，在这种出版模式下，出版商不管作品的质量好坏，向作者提供任何他想发表的任何作品的服务，并通过直接向作者收取出版服务费用来获得收入。但是"掠夺性"出版并不等同于虚荣性出版。虚荣性和掠夺性出版之间最大的区别在于后者在商业模式上的欺骗性。换句话说，"虚荣性出版"通常不会伪装成其他形式：这一方法让作者可以绕过传统的编辑审阅流程，直接将他们的作品公之于众，无须担心其他人是否认为他的作品值得出版（我们将在下面进一步讨论）。然而，掠夺性出版商是一种欺骗行为。他们可能会试图欺骗作者，让他们认为自己的作品发表在了一家声名卓越（或者至少是合法的）的刊物，或者让读者以为他们阅读的是经过严格审查的学术作品。又或者，它们的存在帮助了一些不道德的作者欺骗他们的同行和同事，让他们相信此人的作品已经获得了在合法期刊上发表的许可，但实际上，这些作品之所以能发表仅仅是因为作者愿意支付必要的费用。

"掠夺性出版"一词是由丹佛科罗拉多大学的图书管理员杰弗瑞·比奥（Jeffrey Beall）提出的，他在2008年创建了一个网站，名为"学术开放存取：学术开放存取出版的批判性分析"（现已关闭，但保留在线存档）。① 在那个网站上，他列出了一些出版商，并把他们分成"潜在的，可能的，或很可能的"的掠夺者。他列出这些出版商名单的标准包括：

（1）他们是否遵守开放获取学术出版商协会、出版伦理委员会和国际科学、技术和医学出版商协会所颁布的并被广泛接受的出版行为标准。

（2）同一编辑委员会是否被多个期刊列出。

（3）出版商是否隐藏了他们真实的运营中心。

（4）出版商的期刊是否被设计为隐藏读者或作者的机构从属关系。

（5）出版商是否通过大量群发电子邮件的方式征集稿件。

① https：//web.archive.org/web/20170112125427/；https：//scholarlyoa.com/.

比奥的名单（由于它是非正式的）存在一系列的争议。首先（毫不意外），它使上榜的出版商很愤怒，其中一些出版商提出威胁，要对他采取法律行动。① 然而，它也存在争议，因为它将掠夺性出版明确定义为开放获取（OA）期刊的一个特征。这使得比尔很容易受到批评，认为他对掠夺性出版商的批评掩盖了他对 OA 整体的反感。如果没有这种反感，他本应扩大他的“掠夺”概念的范围，将出版商要求收费访问的行为也纳入在内，这些出版商从事的令人不快的行为可以被合理地贴上掠夺性的标签（如利用垄断力量不公平涨价、购买低价社会期刊并大幅提价等）。

第 12 章详细讨论了开放存取（OA）出版的问题，但在这里值得一提的是，开放存取（OA）出版的一种模式确实是由作者支付出版费用，从而为出版商提供收入，并允许把出版的文章免费提供给读者。虽然收费出版中确实有少量向作者方收费的情况（通常称为“版面费”），特别是在某些科学领域，但这与作者出资的开放存取（OA）出版有很大的不同，因为这些费用并不是访问费用；相反，他们补助访问费用或帮助出版商以保持较低的访问费用。由于这些出版商的收入来源仍然依赖于读者对其所发表文章的质量的满意度，因此对付费获取期刊收取版面费并不会产生利益冲突，这与完全依赖作者付费的期刊不同。

依赖论文处理收费（APCs）的开放获取（OA）期刊会发现自己不可避免地陷入了利益冲突，因为他们的经济利益完全是通过接受论文来实现的，而拒绝论文则与他们的经济利益相违背。换句话说，他们依赖论文处理收费获取盈利，但又身为科学和学术质量仲裁者，这两方面的利益会发生冲突——因为后者意味着必然要发表好论文，拒绝差论文，而不是尽可能多地接受论文。这也意味着，虽然在严格意义上讲掠夺性出版并不是开放存取（OA）出版的一个特征，但是对于任何依赖 APC 作为盈利来源，并向读者提供免费内容的出版市场来说，这都是个问题。这确实描述了开放存取（OA）出版界的一个重要分块，但它没有描述任何收费访问出版界的重要分块。

然而，由于“掠夺性”一词是很主观的，它可以合理地适用于任意数量的不道德的、没有任何特定盈利模式的活动。鉴于此，其名称的争议性确实表明这个

① http：//chronicle. com/article/publisher-threatens-to-sue/139243/？cid = at&utm_source = at&utm_medium = en.

词本身可能含义过于模糊，无法使用。至少有一个行业观察者认为用“欺骗性”来描述“掠夺性”开放获取（OA）期刊这一术语可能更准确和有用。①

13.8.2 掠夺性出版商的识别

如何辨别一个“掠夺性的出版商”，这显然有些困难，因为一些显而易见的理由，他们通常非常努力地隐藏他们的所作所为。当你尝试判断一个出版商的行为是否合理或合法，我们可以寻找如下行为加以辨别：

（1）承诺进行严格的同行审查，但实际上只要有 APC，任何提交的文章都可出版。

（2）编辑委员会成员即使未同意提供服务，也会被出版商声称确实如此。

（3）发表与期刊所述学科领域无关的文章。

（4）声称在一个著名的地方有一个组织地址，而出版商的运营实体却在别处。

（5）声称具有很高的影响因素，实际上该期刊根本没有任何影响因子。

（6）期刊名的塑造方式暗示其与某一声名卓越的机构有联系，这个机构却不一定存在。

（7）不加区别地向数百名乃至上千名学者和科学家发送信息招揽论文——即使作者的研究领域与期刊的范围无关。

由于掠夺性出版商经常创造出质量明显低下、学术水平明显低下的产品，人们很可能会问，他们为什么能够继续经营下去？事实上，他们经常很快就会破产——但是因为创造一个具有合法出版商表面特征的网站非常便宜并且容易，一家掠夺性出版网站被发现和识别后，操作员可能只需不到一天的工作就可以删除原来的网站，并再创建一家网站，起一个全新的名字，使用一个全新的虚拟网址，展示一份假的编辑委员会名称清单，等等——当然，他们也会立即开始向作者征集新的作品。

但这引出了另一个问题：为什么作者会为掠夺性出版商提供作品？答案在于，掠夺性出版商的欺诈行为主要针对两类受害者：作者；作者的读者和他们的

① https://scholarlykitchen.sspnet.org/2015/08/17/deceptive-publishing-why-we-need-a-blacklist-and-some-suggestions-on-how-to-do-it-right/.

同事。

掠夺性出版商的第一类目标是作者本身，他们认为：那些需要正式的、有声望的出版物来保障自己职业生涯的作者，相信自己会得到真正可信和严格的出版服务，不严格审查期刊的真实性就将自己的文章提交给这家掠夺性杂志。这种商业模式的问题在于，尽管建立一个表面上合法的期刊网站很容易，但建立一个非法的期刊网站却不是那么容易，因为它将通过那些真正关心在合法且声誉良好的期刊上发表文章的作者的审查。

这让我们看到了被掠夺性出版商锁定的第二类受害者：作者的读者和同事。仔细观察它的网站会发现，虽然通常会很快发现掠夺性杂志的诈骗性质，但它的诈骗目标并不总是有抱负的作者，相反，在许多掠夺性杂志的案例中，作者与出版商串通一气，把学术垃圾当作黄金一样呈现在读者面前。这种安排是这样的：一位作者需要两到三份经过同行评审的公开申请，以便在提交教职评审之前充实自己的简历，但时间很短：距离评审只有两个月，并且他知道，他所研究的学科中较好的期刊从提交到发表的一般时间间隔可能是 6 个月甚至更长——假设论文被接受的话。但作者记得收到过另一家期刊发来的电子邮件。这是一家他从未听说过的期刊，但在他的专业领域内出版（或至少与之密切相关），并承诺严格的同行评审，可靠的编辑支持，以及在被接受后两周内出版。更好的是，这个期刊宣称具备很高的影响力。作者支付的投稿费可能从 75 美元到 2000 美元不等。提交论文后，很快就会收到积极的回复。一个月后，他的简历就会有一个新的学术成果可以引用（与此同时，他还向同一出版商的不同期刊提交了另外两篇文章，每一篇的结果相同）。

在上面描述的场景中，作者会怀疑吗？当然会。但如果作者更感兴趣的是让自己的简历看起来更好，而不是确保真正严格的审查和编辑服务，并且如果看起来更好的简历会带来重大回报，那么他将受到诱惑，从而不过多关注出版论坛的合法性。所有这些一旦完成，他的三篇发表在诈骗期刊的文章将与合法期刊上的文章同时出现在他的简历上——这两类引文之间不会有明显的差别。虽然一个掠夺性期刊的网站可能非常业余和粗糙，但对该期刊的引用看起来就像对货真价实的期刊的引用一样。作者试图用这种方式欺骗他们的同事，当然也承担着风险。别人可能会查阅他们简历上的所有出版物从而发现诈欺骗行为——但是在许多情况下，暴露的风险相对较低，比不上学术成就所带来的巨大好处。

13.8.3 掠夺性出版与学术会议

这类掠夺性出版商在出版之外的学术环境中经营吗？答案是肯定的，除了出版，学术市场中的掠夺性行动者也会在会议领域运作。这一骗局也与掠夺性出版业的骗局大致相同。潜在的提供者被邀请提交论文，并在会议上展示。这里会有一个出人意料的结果，那就是他们提交的论文会无一例外地被采用。作为支付一项或多项费用的回报，他们会被邀请讲解自己的论文，从而为他们的简历添加一个听起来合情合理的条目。会议通常会为其审查委员会（其中许多或大多数实际上与会议无关）列出一份有声望的名单，并且还声称将严格审查论文讲解的稿件，暗示着只有最好的稿件才会被接受。会议也可能在一个引人兴奋的地方举行，使邀请更有吸引力。当然，实际上，会议接受所有提交的讲解稿件，最终的结果是，会议组织者会赚很多钱，演讲者的简历中也增加了一些看上去合法的内容（或许还会有一次愉快的旅行，地点很有趣，费用由他们的机构或资助基金支付）。

值得注意的是，掠夺性期刊有时确实会发布高质量的研究内容，这些期刊的问题不在于它们只发表垃圾，它们的问题在于，它们在提供的服务这一问题上撒谎，帮助不道德的作者欺骗同行和机构，破坏学术出版和开放获取的声誉，这就引出了我们的下一个问题。

13.8.4 掠夺性出版与补贴出版

掠夺性出版确实与补贴出版（也被称为“虚荣”出版）有一些重要的共同特征，但也有重要的区别。补贴出版是图书界的一大特色，这个行业的谋生之道主要靠这样的作者：他们要么无法让传统出版商接受自己的图书，要么知道这本书不畅销，只是想把它打印成册满足某种个人使用（例如，由一个大家庭的一名成员制作的家族史，他花钱将其打印并装订成足够多的副本，以便分发给所有的家庭成员）。也有的作者也可能会利用补贴出版商来推销他自己，或者一本他虽然深爱，但也知道受众群体非常狭窄有限的书（太狭窄和有限，不值得投给传统的出版商）。需要记住，非常重要的一点是，如果补贴诚实而且光明磊落，补贴出版就没有什么问题，也没有什么不好的地方。

然而，在学术界也有这样的例子，即出版企业处于合法补贴出版和欺骗性或掠夺性出版之间的模糊地带。因为这些出版商总是在销售他们的活动所产生的图书，而不是在 OA（开放获取）的基础上免费提供图书。第 7 章对这一问题作了更全面的讨论。

14 学术交流的未来

在最后一章中，我们要解决的一个问题听起来似乎很简单：学术交流的未来会是什么样子？但我们或许应该把问题分为更容易处理的几个部分。

14.1 学术期刊的未来

这个问题是一个很好的开始，因为期刊出版在绝大多数学术领域是非常重要的，在人文学科，终身教职往往取决于学术专著的发表，在这一领域，在声名卓越的同行评审期刊上发表文章同样至关重要。

到目前为止，很明显，开放获取已经成为并将继续成为期刊出版业的一个重要且相当普遍的特征，考虑到不同学科和学术文化之间的经济和专业形式差异明显，它的分布并不均匀，而且可能永远不会均匀。然而，毫无疑问，未来将出现越来越多的完全开放获取和混合开放获取期刊，在这一点上，似乎相当肯定的是，开放获取的市场份额将会在接近100%的某个地方停止，但有多接近仍然是一个未知问题。

有一个更基本的问题，涉及期刊本身作为正式发表研究结果平台的未来，这个问题（至少）包含两个部分：一个与期刊作为一个实体有关，另一个与期刊作为一种格式发行有关。

作为一个实体的期刊：正如在第2章和第4章中提到的，期刊本身作为学术工作的品牌机制发挥着非常重要的作用。在互联网时代，对于那些仅仅想让读者阅读他们的作品的人来说，杂志上的正式出版已经不再是必要的了。事实上，如果一个人的目标是将自己的作品提供给最大数量的读者，那么在一个正式的期刊上发表，并向读者收取访问其内容的费用，至少在某种程度上会弄巧成拙。但是，学术和科学作者通常不仅仅是想让他们的作品供人阅读或使用——他们希望他们的作品被打上一本杂志的烙印：这本杂志以提供严谨和高质量内容而闻名，并且他们希望自己的作品被积极地推销给同行。让自己的作品发表在高选择性和高声誉的期刊上，绝对是保证工作安全和晋升的关键，在许多学科都是如此。这意味着，无论访问模型和新兴出版模式发生什么变化，期刊继续作为品牌实体的未来是可预见的。

相比之下，期刊发行的未来并不明朗。考虑这样一个事实：期刊发行不仅包括发表的内容，还包括内容的周期性发行（通常是每月或者每季度）。在印刷时代，这是一种很有意义的做法，另一种做法——在文章准备发表时单独发送文章——在成本上是无法承受的。在网络信息环境中，这就没有什么意义了。月刊或季刊的刻意性变得非常明显：如果一篇文章已经可以发表了，在在线模式下为什么还要等待呢？事实上，我们已经看到期刊出版商正在脱离这一模式，他们将文章以或多或少稳定的速度线性发布在线，而不是成批发布。很明显，尽管期刊本身还会存在相当一段时间，但已经逐渐式微了。

在第12章，我们注意到“大型期刊”的出现，它们发表的内容比收费期刊多得多，并且投稿的接受完全取决于编辑和同行评审人员对合理科学性的判断（而不是研究的新颖性或可能的影响）接受投稿。这种模式越来越受欢迎，部分原因是它代表了一种高利润的商业模式，而且似乎很可能成为学术交流领域的永久组成部分。一些成功的大型期刊，包括《公共科学图书馆·综合》《自然通讯》和《科学报告》目前每年发表成千甚至上万的文章，而且没有消失的迹象。世界范围内研究产出的持续增长（还有随之而来的作者对一个有声望发表作品的出版场所的需求）强烈地表明，随着时间的推移，学术出版领域的特色将是大型期刊数量的增加。

14.2 学术专著的未来

我们对这个问题的回答必须更加谨慎。人们很难想象有哪一类学术文献比它更受广泛尊重；一个人如果发表了一篇专著长度的研究成果，就会迅速在任何学术集会中赢得一定程度的尊重。正如本书早些时候所指出的，在大学出版社出版专著是许多人文和社会科学学科的终身职位要求。专著的形式通常被认为是讲述详尽、复杂的学术论点的必要条件——专著可以无限延伸长度，以容纳严谨、全面的注解。这意味着两个重要的因素——持续的声望和作者对写作和出版的持续需求——正在为专著的持续生命力作出贡献。

然而，不幸的是，专著要生存下去还有第三个因素，那就是需求。在这方面，近年来的发展对专著并不是特别有利。如第6章所述，近十年来，研究型大学图书馆中印刷书籍的使用率一直在稳步而急剧地下降（虽然这种趋势在人文学院的图书馆不那么明显），然而对于学术科学期刊文章获取的需求保持强烈，期刊的数量也呈爆炸性增长。（一方面）对期刊内容的持续强劲需求、可用期刊内容数量的稳步增长，以及期刊价格的快速增长和（另一方面）对专著需求的停滞或下降，这些因素共同严重削弱了学术图书出版的图书馆市场。为了跟上对期刊内容的需求，许多研究型图书馆只是将资金从图书采购中转移出来，以支持订阅。

对于专著来说，另一个复杂因素是学术传播领域的大规模转变，即从印刷转向数字化和网络化。网络世界对期刊文章来说十分友好，这些文章相对较短，传达的是有限而集中的研究结果。大多数文章可以轻松、舒适地在电脑屏幕或设备上在线阅读（或快捷、方便地打印出来供离线阅读），学术期刊出版在20世纪90年代末之前就开始迅速、果断地转向互联网。对于专著来说，互联网环境就不那么舒适了。然而，虽然小说和流行的非小说的散文文学类书籍可以通过各种各样的电子书设备阅读，但学术作品更有可能出现在台式电脑和笔记本电脑上，这些设备的显示器不太适合扩展和线性设计，而这恰恰是专著格式的一部分。这一事实及其他一些因素使得学术专著论文无法像期刊那样迅速进入在线领域。尽管越来越多的人认为，新的大学出版社的出版物将同时以印刷版和电子书的形式发行（尽管可能不是同时发行），但这要成为现实所需要的时间远比学术界许多人预期的要长得多。

在这里，值得指出的是，互联网绝不是一个完全敌视书籍的环境。在第7章中，我们简单接谈及了这一事实，对于学术专著的一般使用，不是扩展线性阅读，而是涉及将书本作为数据库使用——存储信息供读者查询而不是阅读，寻找特定的和离散的信息。（如果你曾经从图书馆的书架上找到10本关于某个主题的书，打算作为一篇 5 页的研究论文的素材，你会立刻意识到这种“阅读”场景）。不同于印刷书，电子书的一大优点是，它可以有效地用作数据库。“检索”一本印刷书籍的唯一有效方法就是阅读，——尽管阅读肯定是一项值得称赞的做法，但在很多情况下并不是找出书中信息的最佳方式。（在写一篇 5 页的研究论文的过程中，从头到尾读完 10 本专著是否有意义？）虽然印刷的专著通常有索引来引导研究人员找到特定的信息片段，但是索引只提供了书中观点的粗略示意图，而全文检索则提供了对书的全面访问。

然而，总的来说，目前还不清楚学术交流生态系统的总体发展方向是否会对专著产生有益的影响。虽然没有人认为学术专著会在可预见的将来绝迹，但随着时间的推移，它的商业前景似乎会继续缩小——而且它在未来将采用非常新颖的形式和呈现方式。

14.3　学术质量评估的未来

在第一章中，我们讨论了影响因子（IF）的一些争议，这是目前衡量期刊出版质量和声誉的权威工具（专著没有类似的标准，往往依赖正面的书评和奖项作为质量和声誉的标志）。我们还谈到了“替代计量”运动的出现，它试图提供更好的质量评估的工具，从而取代 IF。其中一些新指标已经显示出了持久性，并在学术交流领域中得到了不同程度的广泛接受。与此同时，无论它的弱点是什么，几乎没有迹象可以证明 IF 将会丧失其作为评估工具的首要地位。这表明，在未来，我们将继续像过去那样评估学术的质量，但也会以其他方式进行评估。新兴工具也可能会出现，而且它们将会根据不同领域的学者（以及评估他们的人）的特殊需要和期望在不同学科中出现。

14.4　研究型图书馆的未来

自从万维网出现，以及随后正式学术交流从印刷环境转移到在线网络之后，图书馆管理员们就越来越迫切地问自己这个问题。

答案取决于一个人认为研究型图书馆的主要目的是什么。对于那些认为图书馆主要是书籍、期刊和其他文献的精心策划的仓库的人来说，图书馆的前景似乎很暗淡。随着研究型图书馆中实体文档的使用减少，以及大学校园里，对更灵活、更丰富的学术工作场所的需求的增长，书已经搬出了大楼——或者，至少搬出了图书馆的公共区域——并且协作工作空间的数量已经增加，这个趋势似乎还在继续。

在线文档方面存在着相互抵消的现象。一方面，从印刷到在线收藏的转变使图书馆能比以往任何时候有更大的可能为读者提供更多的在线内容：学术型图书馆过去也许订阅几百或几千份印刷而成的学术期刊，但现在常常提供数以万计的在线期刊。然而，网络世界在提供信息方面的巨大规模经济使得信息产品生产商同样有可能以良好的价格优势向个人读者和研究人员推销他们的产品，潜在地淡化了图书馆作为访问代理的角色。几个世纪以来，这一角色一直是图书馆的核心，但在某种程度上，它被边缘化了，这是图书馆作为一个机构存在的问题。这个角色还没有消失，未来也似乎不准备消失，但这确实是一个让许多图书馆管理员担心的问题。更重要的是，在线访问使图书馆的读者很容易忽略这样一个事实，即他们能如此轻松便捷地访问到的信息实际上是由图书馆提供的（通常花费巨大），而不是免费在线提供的。

然而，这并不意味着学术型和研究型图书馆正在消失。在许多校园里，图书馆大楼越来越受欢迎，成为社交和严肃学术活动的聚集地。图书馆正在与校园项目合作，如学术咨询、教学中心和新兴的数字学术活动，并直接参与新型学术出版活动。越来越多的大学正在图书馆组织的庇护下转移他们的出版社。几所主要大学，特别是加利福尼亚大学和密歇根大学，已经产生了新的创新出版计划（第12章有这两个计划的深入讨论）。

影响学术和研究型图书馆未来发展的另一个因素是，主办这些图书馆的机构的发展轨迹。随着学院和大学变化，学术型图书馆也会与他们步调一致（我们将讨论未来高等教育可能发生的一些变化来回答下一个问题）。

趋势似乎表明，研究型图书馆的未来有多种可能。而且，似乎学术型图书馆会越来越多种多样。在印刷时代——印刷时代已经持续了几个世纪——文理学院的图书馆与大型研究型大学的图书馆看上去一样，只是规模更小。然而，在未来，不同种类的学术图书馆很可能在物理设计和程序设计上越来越不同。随着高等教育经费越来越紧张（似乎美国和英国在未来都会如此），我们很可能会看到研究型大学把越来越多的注意力转移到能够带来大量的资助的科学和技术领域，并降低了对人文和社会科学的重视。鉴于私立文理学院面临的严峻财政压力似乎越来越大，人们不禁要问：它们的图书馆的增长前景如何呢？

14.5 新兴的学术交流方式

正如我们在前几章已经讨论过的，在学术期刊和专著的现有领域内，新的途径正在开辟。开放获取大型期刊、预印本服务器和学术博客都是在过去几十年才出现的交流渠道的例子。

然而，新的领域也在开放。LikedIn，Mendeley，ResearchGate，Academia. edu等服务提供的便利——已经被学者们视为一个重要的工具。如果学者们想要分享自己的观点，了解最新的专业发展动态，那么社交网络平台就是一个非正式的、可能还会引发争议的工具——领英、Mendeley、ResearchGate 和 Academia. edu 等服务都使网络社交变得更便捷（由于学术期刊是由学者和科学家互相写信的习惯演变而来，在线社交网络作为学术交流场所的兴起，给人一种“旧事物焕然一新”的愉悦感觉）。

ReasearchGate 和 Academia. edu 是学者成功使用社交网络服务的一个有趣例子。这两项服务都是免费的，允许学术作者上传论文的副本（以手稿形式或完整发布的 pdf 文档的形式），并免费提供给他们的同事——或者任何碰巧注册了这项服务的人。这些服务也带来了潜在的麻烦，因为它们为作者提供了一种简单的方式，让他们可以在网上分享违反版权法的论文，但它们也可以（而且经常被）被完全合法地使用。一些观察员还对设立这些网站的盈利性公司如何使用委托给他们的数据和文件表示担忧。①

有趣的是，最受学者和科学家欢迎的社交网络之一是 Twitter。他们用它来执行调查，也用来存档调查、收集数据，还用来搜索辅助研究资源。有很多应用程序可以让研究人员使用 Twitter 来持续追踪不同领域的热门话题，当然，Twitter 也

① http：//www. universityaffairs. ca/news/news-article/some-academics-remain-skeptical-of-academia-edu/.

是一种传播最新项目或出版物的简单方式。①

14.6 不断发展的数字人文

“数字人文”一词是近几年来出现的，用来描述计算机技术的应用和人文研究相关，而非与科学或技术相关的学术研究领域的定量工具。可以想象，有许多不同的方式可以使用数字技术来阐明人文问题。其中一些是相当新颖和创新的，另一些已经使用了一段时间，但是由于其他的发展，正受到新的注意，我们将讨论几个例子。

1. 文本和其他文件的数字化

也许数字人文主义最基本的（也是建立最完善的）例子就是创建和分发模拟文件数字副本的过程。多年来，图书馆和出版商一直在这样做，他们收集稀有而独特的书籍、照片和其他文件，为它们制作高质量的图像，并将这些图像放到网上。事实上，美国最早由政府资助的网站之一是国会图书馆的“美国记忆”项目，该项目让人们可以免费在网上观看和下载美国宪法和人权法案等美国的建国文件的高分辨率图像。② 从那时起，数字化项目在世界各地激增，历史、通信、政府、市政记录和重要历史书籍的重要版本、重要法律案件档案等的在线获取因此激增。这些项目对于人文主义学术的意义怎么说都不为过。向多数人以实体形式提供任何特别珍稀或独特的文件显然是不可能的，但如今却可以将这些文件的知识内容免费、便捷地提供给上亿的用户。

2. 文本挖掘

数字人文主义最常用的例子之一是文本文档的定量分析。谷歌的 Ngram Viewer 是一种著名的文本挖掘工具，它允许研究人员（可能是学者，也可能只是好奇的普通大众）分析特定单词和短语在谷歌书库数百万本数字化图书中的动态分布情况。③ 数字文本挖掘和分析也可以用来研究同时期文本之间的关系、告知

① http：//www.emeraldgrouppublishing.com/research/guides/management/twitter.htm?part=2.

② https：//memory.loc.gov/ammem/index.html.

③ https：//books.google.com/ngrams.

有关作者身份的争论、追踪各地区特定词语的使用情况或支持机器人或计算机生成的文字的创作。事实上，数字技术的方式可能会被用来分析现有文本或创造新的文本，唯一的限制也许就是缺乏人类想象力——但如果我们可以弄清楚如何使用软件产生新想法用于文本挖掘，这种限制可能会被打破。

3. 地理空间研究

地理不仅是一门物理科学，也是一门人文科学，关于人类如何与地球环境的物理形态和特征相互作用（以及这些形态和特征如何影响人类行为）的研究，是地球及其物理性质科学研究的一个长期存在的人文分支。虽然对地理和人类文化相互影响的研究并不新鲜，但最近发生了一个改变：出现了各种新的工具，提供了不计其数的研究这种影响和相互作用的新型研究方法。数字人文主义的联盟组织形成了一个“地理人文主义特殊兴趣小组”，专门致力于这种研究，① 新的项目也在世界各地的校园出现——研究范围从特定城市的出版文献的地理分布，到创建不同司法管辖区的沉积物的地理可视化不等。

4. 关键代码的研究

数字人文主义的这一分支涉及对计算机处理代码的严格检查，换句话说，就像任何其他不管其软件功能如何，都可以独立地检查和分析含义的“文本”一样。也就是说，一段特定的计算机代码的可能目的是产生音乐音调。然而，代码本身具有意义，例如文本可以告诉我们它的创建工具，创建者的文化和阶级，或者创建时的经济环境——这些意义和影响显然几乎与音乐没有关系。这可能是数字人文主义中比较深奥的领域之一，但它再次说明了人文研究和数字技术交叉领域的研究范围似乎是无限的。

值得指出的是，“数字人文”这个术语本身可能正渐渐过时，“数字学术”一词似乎越来越受欢迎。后一个术语考虑到的是，严格地说，并不是所有的新兴的数字学术研究都发生人文领域。有些是在社会科学领域，直到最近数字技术才在此领域发挥了特别重要的作用。然而，“数字人文”一词目前仍是最常见的。

还应该指出的是，数字人文（或数字学术）并非没有怀疑者和批评者。一些人以怀疑的眼光看待数字学术的突然蓬勃发展，引发了各种各样的担忧。在《新共和》上发表的一篇颇具影响力的文章中，亚当·科什警告称，“学术语言”正

① http：//geohumanities. org.

以“推销精神”运用于“我们在网上或在苹果的最新革命性成果的广告种常常听到的那种夸张、强硬的推销方式”。事实上，它从数字学术更热心的支持者的声音中，听到了一种“潜在的威胁，历史性的非法统治和过时的威胁”。我们必须明白未来将是这样的：我们要么成功登上变革的列车，要么站在列车面前被碾轧而过。①

如果有什么其他看法的话，那就是有人甚至更加警惕。Daniel Allington、Sarah Brouillette 和 David Golumbia 在《洛杉矶书评》上发表的一篇文章认为，数字人文主义的兴起是对学术进步主义的新自由主义的威胁。在他们看来，那些提倡数字人文主义的人看到了“技术创新这一最终目的和伴随着政治进步的颠覆性商业模式的发展”。然而，他们看到的威胁不仅是意识形态上的，这也是一个由有限资源引发的经济问题。“数字人文学科获得了无与伦比的物质支持，”他们辩称，“这表明它对学术政治的最大贡献，可能在于它（或许无意中）促成了新自由主义在大学里的兴起”。②

数字人文主义的范围和影响将继续扩大，其影响很可能继续被视为好坏的复杂混合体，这一点儿似乎是显而易见的。

① https://newrepublic.com/article/117428/limits-digital-humanities-adam-kirsch.

② https://lareviewofbooks.org/article/neoliberal-tools-archives-political-history-digital-humanities/#.

参考文献

Chapter 1——定义及历史

1. Porter, B R. "The Scientific Journal—300th Anniversary Bacteriological Reviews", 1964 Sep, 28（3）: 210-230.

2. https：//www. aaup. org/sites/default/files/2015-16EconomicStatusReport. pdf (see especially Figure 2).

3. http：//www. nature. com/news/the-future-of-the-postdoc-1. 17253.

4. http：//www. investopedia. com/terms/b/business-ecosystem. asp.

Chapter 2——学者是指哪些人？他们为何交流

1. https：//www. whitehouse. gov/sites/default/files/microsites/ostp/ostp-public _ access_memo_2013. pdf.

2. Cummings, W. K. , Finkelstein, M J " Declining Institutional Loyalty. " In *Scholars in the Changing American Academy*: *New Contexts*, *New Rules*, *and New Roles*. Dordrecht Heidelberg, London, New York: Springer, 2012, pp. 131-140.

3. http：//classifications. carnegiefoundation. org.

4. http：//carnegieclassifications. iu. edu/classificationdescriptions/basic. php.

5. http：//carnegieclassifications. iu. edu/methodology/basic.

6. http：//arxiv. org/help/general.

Chapter 3——学术传播市场看起来像什么

1. Outsell. STM 2015 market size, share, forecast, and trend report.

2. https：//www. simbainformation. com/about/release. asp？ id=3880.

3. Morris, S Data about publishing. ALPSP Alert 2006（112）：8.

4. https：//en. wikipediaorg/wiki/List_of_university-presses.

5. http：//publishingperspectives. com/2011/07/publishing-in-india-today-19000-publishers-90000-titles/.

6. http：//www. stm-assoc. org/2015_02_20_STM_Report_2015. pdf.

7. http：//www. humanitiesindicators. org/content/indicatordocaspx？ i=88.

Chapter 4——学术出版是什么及其是如何运行的

1. http：//science. sciencemag. org/content/349/6251/aac4716.

2. http：//www. nature. com/news/1-500-scientists-lift-the-lid.
on-reproducibility-1. 19970？ WT mc_id=SFB_NNEWS-1508_RHBox.

3. http：//blogs. nature. com/news/2014/05/global-scientific-output-doubles-every-nine-years. html.

4. https：//www. ncbi. nim. nih. gov/pmc/articles/pmc2909426/.

5. http：//www. slate. com/articles/health_and_science/future_tense/2016/04/biomedicine_facing_a_worse_replication_crisis_than_the_one_plaguing_psychology. html.

6. http：//www. infotoday. com/searcher/oct00/tomaiuolo&packer. htm.

7. http：//arxiv. org.

8. http：//biorxiv. org.

9. Several studies of academic culture have found this to be true for some discussion of them, see Fulton, O. "Which Academic Profession Are You In？" In R. Cuthbert (ed), *Working in Higher Education*. Buckingham：The Open University Press, 1996, pp. 157-169.

10. http：//www. nature. com/nature/focus/accessdebate/22. html.

Chapter 5——版权的作用？

1. Joyce, C, & Patterson, L. R. " Copyright in 1791：An Essay Concerning the Founders' View of Copyright Power Granted to Congress in Article 1. Section 8, Clause 8 of the U. S Constitution. " *Emory Law Journal*, 2003：52 (909) . Available at SSRN：https：//ssrn. com/abstract=559145.

2. http：//www. archives. gov/exhibits/charters/constitution_transcript. html.

3. http：//www. copyright. gov/circs/circ01. pdf.

4. https：//cyber. law. harvard. edu/property/library/moralprimer. html.

5. https：//www. law. cornell. edu/uscode/text/17/101.

6. http：//web. archive. org/web/20100109114711/；http：//www. lexum. umontreal. ca/conf/dac/en/sterling/sterling. html.

7. http：//www. copyright. gov/title17/92chapl. html#107.

8. http：//www. copyright. gov/circs/circ15. pdf.

9. http：//www. columbia. edu/cu/provost/docs/copyright. html.

10. http：//www. wipo. int/treaties/en/text. jsp？fileid=283854#P683059.

11. https：//en. wikipediaorg_/wiki/world_intellectual_Property_Organizationtfcite_note-1.

12. https：//www. gnu. org/philosophy/open-source-misses-the-pointen. html.

13. https：//www. gnu. org/copyleft/copyleft. html.

14. https：//creativecommons. org/about/.

15. https：//en. wikipedia_. org/wiki/Copyright_infringement#. 22Piracy. 22.

16. https：//en. wikipedia. org/wiki/Napster#Lawsuit.

17. https：//www. linkedincom/in/elbakyan.

18. http：//www. mhpbooks. com/meet-the-worlds-foremost-pirate-of-academic-research/.

19. http：//www. nytimes. com/2016/03/13/opinion/sunday/should-all-research-papers-be-free. html？_r=0.

20. htps：//svpow. com/2016/02/25/does-sci-hub-phish-for-credentials/.

Chapter 6——图书馆的作用是什么？

1. http：//www. ingramcontent. com/publishers/print/print-on-demand.

2. http：//www. lightningsource. com/ops/files/comm/CST127/51400_ CaseStudy_Oxford_ NoCropmarks. pdf.

3. https：//www. publishing. umich. edu/projects/lever-press/.

4. https：//tdl. org/tdl-journal-hosting.

5. https：//scoap3. org.

6. http：//www. projectcounter. org.

7. http：//www. niso. org/about/join/alliance.

8. http：//hathitrust. org.

9. http：//dp. la.

10http：//www. gutenberg. org/wiki/mainpage.

11. http：//memory. loc. gov.

12. http：//www. cdlib. org.

13. http：//www. digitalnc. org.

14. http：//digitallibrary. tulane. edu.

15. https：//collections. libutahedu/details? id = 10819848q =% o2A&page = 2&rows = 25&fd = title_t%2Csetname-_s%2Ctypet&gallery = 0&facet_setname_s = uu_awm#t_1081984.

16. http：//j. libraryjournal. com/2014/08/opinion/peer-to-peer-review/asserting-rights-we-dont-have-libraries-and-permission-to-publish-peer-to-peer-review/.

17. https：//www. lib. ncsu. edu/textbookservice/.

18. https：//www. oercommons. org.

Chapter 7——大学出版社的角色

1. Meyer, S. " University Press Publishing." In P. G. Altbach &E. S. Hoshino (eds) *International Book Publishing*：*An Encyclopedia*, New York：Garland Publishing, 1995, pp. 354-363.

2. http：//global. oup. com/about/annual_report2_015/? cc=us.

3. http：//www. sr. ithaka. org/publications/the-costs-of-publishing-monographs/.

4. http：//ij. lIbraryjournal. com/2011/06/academic-libraries/print-on-the-margins-circulation-trends-in-major-research-libraries/.

5. http：//www. aaupnet. org/images/stories/data/librarypresscollaboration report corrected. pdf.

6. https：//scholarlykitchen. sspnet. org/2013/07/16/having-relations-with-the-library-a-guide-for-university-presses/.

7. https：//www. insidehighered. com/news/2016/08/01/amid-declining-book-sales-university-presses-search-new-ways-measure-succes.

8. https://www. lib. umich. edu/news/michigan-publishing-collaborates-launch-lever-press.

Chapter 8——谷歌图书和 HathiTrust

1. https://books. google. com/googlebooks/about/history. html.

2. http://www. nytimes. com/2015/10/29/arts/international/google-books-a-complex-and-controversial-experiment. htm? r=1.

3. https://www. authorsguild. orgauthors-guild-v-google-questions-answers/.

4. http://publishers. org/news/publishers-sue-google-over-plans-digitize-copyrighted-books.

5. http://articles. latimes. com/2009/dec/19/world/la-fg-france-google19-2009dec19.

6. https://en. wikipediaorg/wiki/authors_guild, _inc. _V. _Google. Inc.

7. http://www. wired. com/imagesblogs_/threatlevel/2013/11/chindecision. pdf.

8. https://books. google. com/ngrams.

9. https://www. hathitrust. org/partnership.

10. http://www. thepublicindex. org/wp-content/uploads/sites/19/docs/cases/hathitrust/complaint. pdf.

11. https://www. library. cornell. edu/about/news/press-releases/universities-band-together-join-orphan-works-project.

12. http://www. arlorg/focus-areas/court-cases, 105-authors-guild-v-hathi-trustif. V-rdsWU34vg.

13. http://www. arl. org/storage/documents/publications/hathitrust-decision10oct12. pdf.

14. https://www. documentcloud. org/documents/1184989-124547-opn. html.

Chapter 9——STM 和 HSS 的需求和做法

1. https://www. researchtrends. com/issue-32-march-2013/trends-in-arts-humanities-funding-2004-2012/.

Chapter 10——指标和替代计量学

1. http://wokinfo. com/essays/impact-factor/.

2. http://onlinelibrary. wileycom/doi/10. 1087/20110203/abstract.

3. http：//www. ncbi. nlm. nih. gov/pmc/articles/pmc4477767/.

4. http：//chronicle. com/article/the-number-thats-devouring/26481.

5. http：//www. bmj. com/content/314/7079/461. 5.

6. http：//blogs. nature. com/news/2013/06/new-record-66-joumals-banned-for-boosting-impact-factor-with-self-citations. html.

7. https：//scholarlykitchen. sspnet. org/2012/04/10/emergence-of-a-citation-cartel/.

8. http：//www. pnas. org/content/102/46/16569. full.

9. http：//eigenfactor. org/about. php.

10. http：//www. tandfonline. com/doi/abs/10. 1080/00048623. 201410031743? journalCode=uarl20.

11. http：//blogs. Ise. ac. uk/impactofsocialsciences/2012/09/25/the-launch-of-impactstor/.

12. http：//plumanalytics. com.

13. https：//www. datacite. org/mission. html.

Chapter 11——元数据及其重要性

1. http：//www. niso. org/publications/press. Understanding Metadata. pdf.

2. http：//www. metametadata. net.

3. http：//www. doi. org/hb. html.

4. http：//orcid. org/content/about-orcid.

Chapter 12——开放获取：机遇和挑战

1. http：//www. budapestopenaccessinitiative. org/boai-10-recommendations.

2. http：//crln. acrl. org/content/76/2/88. full.

3. http：//poeticeconomics. blogspot. com/2012/10/cc-by-wrong-goal-for-open-access-and. html.

4. https：//www. whitehouse. gov/sites/default/files/microsites/ostp/ostp__public_access_memo_2013. pdf.

5. https：//www. martineve. com/2012/08/31/open-access-needs-terminology-to-distinguish-between-funding-models-platinum-oagold-non-apc/.

6. http：//www. the-scientist. com/? articles. view/ articleno/27376title/Merck-published-fake-journal/.

7. http：//blog. historians. org/2013/07/american-historical-association-statement-on-policies-regarding-the-embargoing of-completed-history-phd-dissertations/.

8. https：//scholarlykitchen. sspnet. org/2013/07/26/dissertation-embargoes-and-the-rights-of-scholars-aha-smacks-the-hornets-nest/.

9. http：//www. knowledgeunlatched. org.

10. http：//luminosoa. org.

11. http：//leverpress. org.

12. http：//caselaw. findlaw. com/us-supreme-court/499/340. html.

13. https：//en. wikipediaorg/wiki/sweat_of_the_brow.

Chapter 13——学术交流中的问题和争议

1. https：//www. ebscohost. com/promomaterials/ebsco_2017_Serials_Price_Projection_Report pdf? - ga=1. 114315076. 2126980745. 1477713241.

2. http：//www. infotoday. com/it/sepll/The-Big-Deal-Not-Price-But-Cost shtml.

3. https：//scholarlykitchen. sspnet. org/2013/01/08/have-journal-prices-really-increased-in-the-digital-age/.

4. See this author's comment in response to KentAndersons blog post cited immediately above.

5. https：//scholarlykitchen. sspnet. org/2014/07/22/libraries-receive-shrinking-share/.

6. htp：//contentz. mkt5049. com/lp/43888/438659/d187_Ebooks_Aquisition_whitepaper_v5. pdf.

7. http：//lj. libraryjournal. com/2011/06/academic-libraries/print-on-the-margins-circulation-trends-in-major-research-libraries/.

8. http：//www. dlib. org/dlib/marcho1/frazier/03frazier. html.

9. https：//web. archive. org/web/20170112125427/；https：//scholarlyoa. com/.

10. http：//chronicle. com/article/publisher-threatens-to-sue/139243/? cid = at&utm_source=at&utm_medium=en.

11. https：//scholarlykitchen. sspnet. org/2015/08/17/deceptive-publishing-why-we-need-a-blacklist-and-some-suggestions-on-how-to-do-it-right/.

Chapter 14——学术交流的未来

1. http：//www. universityaffairs. ca/news/news-article/some-academics-remain-skeptical-of-academia-edu/.

2. http：//www. emeraldgrouppublishing. com/research/guides/management/twitter. htm? part=2.

3. https：//memory. loc. gov/ammem/index. html.

4. https：//books. google. com/ngrams.

5. http：//geohumanities. org.

6. https：//newrepublic. com/article/117428/limits-digital-humanities-adam-kirsch.

7. https：//lareviewofbooks. org/article/neoliberal-tools-archives-political-history-digital-humanities/#.

